贵州省一流本科课程（金课）建设项目
贵州省科技支撑计划项目（黔科合支撑[2024]一般140）
六盘水师范学院教材出版基金资助建设项目
六盘水师范学院校级一流本科课程（金课）建设项目（2022-03-037）
六盘水师范学院专业综合改革项目（LPSSYzyzhggsd202001）

# 矿业类地质实习指导书

李涛　高颖　主编

中国矿业大学出版社
· 徐州 ·

## 内 容 提 要

本教材主要介绍了矿业类地质实习的概要、通识知识和六盘水地区地质知识。在通识知识方面，重点介绍了矿物与岩石、地层与构造、野外取样方法、罗盘和GPS使用方法、野外地质记录和煤矿水文地质等内容，为学生提供通识性野外地质知识和技能。在六盘水地区地质知识方面，重点介绍了六盘水地区的自然地理概况、地层概况、构造概况和水文概况，实践总结了龙山地质考察路线和明湖地质考察路线，为地方性地质实习工作提供了实习基地建设的新模式。

本书可供采矿工程、安全工程、地质工程、土木工程、测绘工程、水文与水资源工程、地理科学等专业野外地质实习使用。

**图书在版编目(CIP)数据**

矿业类地质实习指导书 / 李涛，高颖主编. — 徐州：中国矿业大学出版社，2024. 12. — ISBN 978-7-5646-6596-8

Ⅰ. P5-45

中国国家版本馆 CIP 数据核字第 2024VW3783 号

**书　　名** 矿业类地质实习指导书
**主　　编** 李　涛　高　颖
**责任编辑** 王美柱　路　露
**出版发行** 中国矿业大学出版社有限责任公司
（江苏省徐州市解放南路　邮编 221008）
**营销热线** (0516)83885370　83884103
**出版服务** (0516)83995789　83884920
**网　　址** http://www.cumtp.com　**E-mail**:cumtpvip@cumtp.com
**印　　刷** 江苏淮阴新华印务有限公司
**开　　本** 787 mm×1092 mm　1/16　**印张** 7.75　**字数** 148 千字
**版次印次** 2024 年 12 月第 1 版　2024 年 12 月第 1 次印刷
**定　　价** 29.80 元
（图书出现印装质量问题，本社负责调换）

# 前　言

地质实习是矿业类专业的学生在学习了普通地质学、构造岩石学、岩石矿物学等专业基础课之后，在老师指导下对本专业所从事工作的性质和内容的一次实地考察和认识。长期以来，地方性院校难以具备自行建设地质实习基地的主观和客观条件，常采用重点院校建设的地质实习基地开展地质实习教学。这虽然拓宽了学生的视野，但对于服务地方的学院而言学习和工作脱节，故急需在生产和教学组织的指导下构建自有特色的实习基地。特别是六盘水地区作为全国亿吨级煤炭基地之一，缺少符合地方特色的实习教材。

本书是在贵州省一流本科课程（金课）建设项目、贵州省科技支撑计划项目、六盘水师范学院教材出版基金资助建设项目、六盘水师范学院校级一流本科课程（金课）建设项目和六盘水师范学院专业综合改革项目等基金资助下，通过10余年的师生共建形成的。

本书主要介绍了矿业类地质实习的概要、通识知识和六盘水地区地质知识。在通识知识方面，重点介绍了矿物与岩石、地层与构造、野外取样方法、罗盘和GPS使用方法、野外地质记录和煤矿水文地质等内容，为学生提供通识性野外地质知识和技能。在六盘水地区地质知识方面，重点介绍了六盘水地区的自然地理概况、地层概况、构造概况和水文概况，实践总结了龙山地质考察路线和明湖地质考察路线，为地方性地质实习工作提供了实习基地建设的新模式。

本书主要参考了相关的国家、行业标准和有关的地质实习教材，在当地地质队伍和企业提供的各类通识性资料的基础上，通过大量的师生野外地质考察而最终形成。在此对相关资料提供人员和地质考察人员表示由衷的感谢！

由于时间和水平所限，书中难免存在不妥之处，欢迎读者批评指正。

**编　者**

2024 年 8 月

# 目 录

## 第 1 篇 序言



## 第 2 篇 通用基础知识篇

# 第 1 篇

## 序　言

# 第1章　实习概要

## 1.1　实习目的及任务

### 1.1.1　目的

地质实习是矿业类专业的学生在学习了普通地质学、构造岩石学、岩石矿物学等专业基础课之后，在老师指导下在老师指导下对本专业所从事工作的性质和内容的一次实地考察和认识。

野外地质实践教学可以使同学们了解地质工作在国民经济中的地位与作用，了解地质工程的研究领域和应用范围，从而热爱本专业，对矿业、能源、工程方向产生强烈的求知欲，进而积极主动地学习专业知识，较早养成自学、查找资料及思考问题的习惯。野外地质实践教学的一个重要方面即培养和锻炼学生的观察能力。良好的观察能力既是相关工作从业者准确获取野外第一手资料的保证，也是发现和解决地质问题的重要前提。具体的地质实习目的有以下几个方面。

① 理论联系实际，巩固和加深课堂上已经学过的地质基础知识。

② 学习踏勘基本知识，初步了解和掌握地质调查的基本工作方法。

③ 培养和训练进行野外地质观察、地质记录、现象分析的能力。

④ 掌握实习区的地质及矿产资源特征。

⑤ 了解野外地质工作的特点，进一步提高专业兴趣，热爱本专业，适应野外工作的能力。

### 1.1.2　实习任务

在实习期间，教师应对学生进行区域地质调查方法的系统训练，让学生掌握野外地质踏勘、地质现象记录与描述、简单地质图件的绘制和地质报告编写的基本知识、方法与技能。通过地质认识实习，学生增强对地质现象的认识，掌握实习地区各种地质现象。通过实习将野外地质实践与专业理论知识结合起来，为后续专业课的学习打下基础。

## 1.2 实习内容

为期1周的实习，需要实习以下内容：

① 安全教育及实习区简介。

② 观察石炭系、二叠系特征。

③ 学习三大岩石类型的肉眼鉴定方法。

④ 学会在野外认识节理、单斜构造、褶皱构造和断裂构造等。

⑤ 练习并掌握野外地质素描工作方法。

⑥ 学习并掌握地质罗盘的使用方法。

⑦ 学习并掌握野外地质记录、标本采集的基本方法。

⑧ 观察丘陵区第四纪地质、地貌发育概况。

⑨ 了解斜坡块体运动，掌握边坡相应处理方法。

具体实习内容及时间安排如下：

(1) 项目一：准备阶段(1天)

**【项目内容】**

① 实习动员与讲解基本地质情况。由带队教师向学生讲解本次实习的目的、意义和要求；强调本次实习在专业学习及教育中的重要性，并简要介绍实习的主要内容、方法及做好这次实习应注意的一些问题，如安全、纪律等；启发学生学习的自觉性和主动性。

② 安全教育。实习期间安全教育。

③ 学习资料。安排学生预习实习指导书、查阅区域地质调查资料，使学生对实习内容有比较全面的了解。

(2) 项目二：现场参观(4天)

**【项目内容】**

按照实习的总体要求，以野外路线观察为主要形式，由老师进行实地讲解，指导学生有目的和有意识地进行观察、实时记录，并进行简单的理论分析。

(3) 项目三：实习报告的编写(2天)

**【项目内容】**

在实习结束前，学生根据实习的内容和要求，将实习内容系统整理成实习报告，并在实习结束时提交给指导教师。实习报告应反映实习的内容，要将各种资料进行整理、归纳和总结；报告文字部分要求简明扼要、字迹工整、条理清楚、资料真实，图件整洁、美观、图文并茂，并由学生独立完成。

## 1.3 实习准备工作

① 带队教师野外踏勘。

② 指导教师做好现场讲课准备。

③ 学生复习《地球科学概论》《矿物岩石学》《构造地质学》教材和授课笔记。

④ 学生准备工作服、水壶、安全帽、蛇药、罗盘、稀盐酸、地质锤、放大镜、小刀和野外记录本等。

## 1.4 编写实习报告

实习报告提纲内容如下：

目录

前言

要求：简明扼要叙述实习目的、时间、要求、任务和安排。

第1章 实习区概况

说明实习地点和位置、范围、交通和自然环境，以及工农业经济概况（钟山区）。

第2章 基础地质

2.1 地层：从老到新叙述野外实习过程中所见各年代地层发育概况、岩石特征、接触关系、化石（配图，图文并茂）。

2.2 构造：对实习中所见地质构造现象的形态特征、构造要素、产状要素等进行简要描述（配图，图文并茂）。

2.3 矿物：对实习所见地层岩石中的矿物进行描述。由于实习区地层岩石单一，肉眼所见矿物种类不多，需配合实验室内所见其余矿物进行描述（配图，图文并茂）。

2.4 岩石：对实习中所见重要岩石类型的岩性特征、矿物组成、结构构造等进行简要描述（配图，图文并茂）。

2.5 第四纪地质与地貌：对实习区第四纪沉积物的性质特点和成因及河谷、山区、丘陵等地区不同地貌类型、形态、成因等作简要记述（配图，图文并茂）。

第3章 工程水文地质

3.1 地质灾害：滑坡。

3.2 边坡：岩质边坡、土质边坡。

3.3 水文：井泉特征、地表水和地下水特征。

第 4 章　实习体会
总结在实习过程中自己的表现、收获、心得体会，要求至少 200 字以上。

## 1.5　成绩考核与评定

实习成绩评分等级为：优、良、及格和不及格四等，依据：

① 实习期间学习态度。

② 地质理论的应用程度。

③ 实习笔记、实习报告的质量等书面考查成绩。

为真实反映学生的成绩，毕业实习成绩由三部分组成：野外实习表现（占 20%）、报告编制成绩（占 50%）、实习记录本成绩（占 30%）。由实习鉴定小组对学生实习进行鉴定，包括对学生在实习期间的实习内容、实习表现的评价。

## 1.6　实习注意事项及安全措施

① 在实习期间不得迟到、早退、旷实习等，如因特殊原因不能按时到达或不能前往必须向实习带队老师请假。

② 要树立“安全第一”的思想，要听从带队老师的指挥，不得私自脱离队伍，在近距离观察岩层时，要留人员在远处观察观察点边坡岩土层的稳定情况。

③ 遵纪守法，不乱踩乱摘老乡地里的农作物，礼貌待人。不得采摘野果，也不得胡乱饮用野外水源。

④ 在实习期间要严肃认真，禁止在道路上及实习点喧哗打闹。

⑤ 尊重老师，服从学习安排，积极主动完成指导老师交代的各项任务。

⑥ 当老师在野外讲解时，要认真听讲、专心记录、规范操作。

# 第 2 篇

## 通用基础知识篇

# 第 2 章　矿物与岩石

## 2.1 矿　　物

矿物是组成岩石的基本单元，少数以单质的形态产出，绝大多数都是以化合物的形式存在。这些单质或者化合物，一种或者多种组成了地壳中的各种岩层。要求同学们掌握常见的造岩矿物（表 2-1），方便在野外观察岩层时对照观察其中矿物。

**表 2-1　常见矿物**

| 分类 | 矿物名称 |
|---|---|
| 单质 | 石墨、金、金刚石、单质硫、自然铜等 |
| 硅酸盐 | 云母、长石、高岭石、橄榄石、角闪石、辉石等 |
| 氢氧化物 | 褐铁矿、水锰矿、针铁矿等 |
| 氧化物 | 磁铁矿、赤铁矿、铝土矿、石英等 |
| 碳酸盐 | 方解石、白云石、菱铁矿等 |
| 硫化物 | 黄铁矿、黄铜矿、方铅矿、雄黄等 |
| 硫酸盐 | 石膏、芒硝、明矾石等 |
| 卤化物 | 盐岩、萤石等 |
| 磷酸盐 | 磷灰石、绿松石等 |

以上野外常见矿物组成了各种岩石，在重点掌握它们的形态和物理性质后，进行岩石描述时可进一步细分岩石类型，这是野外岩层观察描述的基础。

## 2.2 矿物肉眼鉴别

矿物的鉴别应从形态、颜色、光泽、硬度、解理等几个方面综合来看，需要同学们熟悉各个特征的详细描述；同学们在实习前要温习巩固矿物岩石学知识点，在现场通过放大镜观察描述岩石中的矿物。

① 形态：矿物结晶会呈现规则的几何形态，如立方体、四面体、平行六面体等，沿生长方向，最终发育呈长条状、柱状、针状、片状、板状等各种形态。因此，不同矿物晶体生长方向不一致，从而形成的矿物晶体呈现不同状态，需要同学们平时积累，多看多记忆。

② 颜色和条痕：矿物颜色受杂质、表面风化、氧化的影响，因此在野外观察时需要用地质锤敲击表面，敲掉表面风化层，对内部新鲜面进行观察。条痕在无釉白瓷板上刻画即可得到。

③ 光泽：分为金属光泽和非金属光泽，非金属光泽进一步分为玻璃、金刚、油脂、珍珠、土状、蜡状等光泽。同学们要多联系生活实际，反复对比这些光泽的区别。

④ 硬度：野外以指甲可以划动、钥匙划不动来区分软、中、硬矿物。普遍采用摩氏硬度表（表 2-2）中的代表矿物来计量硬度，因此要掌握这 10 种代表矿物硬度，在野外观察时要注意用新鲜矿物。

**表 2-2　摩氏硬度表**

| 硬度级别 | 代表矿物 | 硬度级别 | 代表矿物 |
| --- | --- | --- | --- |
| 1 | 滑石 | 6 | 长石 |
| 2 | 石膏 | 7 | 石英 |
| 3 | 方解石 | 8 | 黄玉 |
| 4 | 萤石 | 9 | 刚玉 |
| 5 | 磷灰石 | 10 | 金刚石 |

⑤ 解理和断口：矿物受外力作用会沿晶体内部一定方向断裂开，这个断裂面为解理面，有固定方向，可反复受力多次断裂，断口则不能。在野外敲击时应注意断口和解理的区别。

矿物除以上物理特性外，还有其他的特性，如密度、透明度、磁性等。同学们要能在野外熟练掌握识别矿物特性，要掌握教材上常见矿物特征简表。

## 2.3　岩　　石

岩石是在地质作用过程中由一种（或多种）矿物或由其他岩石和矿物的碎屑所组成的一种集合体。这种集合体往往由多种矿物所组成，而且在地壳中有一定的分布，是组成地壳的基本单元。

## 2.3.1　岩石的分类

地球上的岩石分为三大类型，分别是沉积岩、变质岩和岩浆岩。同学们在本地区能观察到的大部分岩石是沉积岩，这与三大岩类成因和产出有关。沉积岩是由岩浆岩、变质岩或者其自身风化，在地表经过水流、风、冰川等外动力地质作用搬运、沉积、成岩作用形成的岩石，沉积于地表，覆盖地球表面约 70%的范围，但其绝对含量占比较低，约占地壳总体积的 5%左右。沉积岩覆盖面积广，因此我们生活中能接触到的、能观察到的大部分都是沉积岩，常见的沉积岩有砂岩、砾岩、粉砂岩、石灰岩、白云岩等(表 2-3)，贵州地区常见的沉积岩为石灰岩和白云岩。

**表 2-3　沉积岩分类**

<table>
<tr><th colspan="2">岩类</th><th colspan="2">结构</th><th>岩石分类名称</th><th>主要亚类及其组成物质</th></tr>
<tr><td rowspan="6">碎屑岩类</td><td rowspan="3">火山碎屑岩</td><td rowspan="3">碎屑结构</td><td>粒径≥100 mm</td><td>火山集块岩</td><td>主要由粒径≥100 mm 的熔岩碎块、火山灰等经压密胶结而成</td></tr>
<tr><td>粒径 2～<100 mm</td><td>火山角砾岩</td><td>主要由粒径 2～<100 mm 的熔岩碎屑、晶屑、玻屑及其他碎屑混入物组成</td></tr>
<tr><td>粒径<2 mm</td><td>凝灰岩</td><td>由 50%以上粒径<2 mm 的火山灰组成，其中有岩屑、晶屑、玻屑等细粒碎屑物质</td></tr>
<tr><td rowspan="3">胶结碎屑岩</td><td colspan="2">砾状结构，粒径≥2 mm</td><td>砾岩</td><td>角砾岩，由带棱角的角砾经胶结而成；<br>砾岩，由浑圆的砾石经胶结而成</td></tr>
<tr><td colspan="2">砂质结构，粒径 0.05～<2 mm</td><td>砂岩</td><td>石英砂岩，石英含量>90%、长石和岩屑含量<10%；<br>长石砂岩，石英含量<75%、长石含量>25%、岩屑含量<10%；<br>岩屑砂岩，石英含量<75%、长石含量<10%、岩屑含量>25%</td></tr>
<tr><td colspan="2">粉砂结构，粒径 0.005～<0.05 mm</td><td>粉砂岩</td><td>主要由石英、长石的粉、黏粒及黏土矿物组成</td></tr>
<tr><td colspan="2" rowspan="2">黏土岩类</td><td colspan="2" rowspan="2">泥质结构，粒径<0.005 mm</td><td>泥岩</td><td>主要由高岭石、微晶高岭石和水云母等黏土矿物组成</td></tr>
<tr><td>页岩</td><td>黏土质页岩，由黏土矿物组成；<br>碳质页岩，由黏土矿物和有机物组成</td></tr>
</table>

**表 2-3(续)**

| 岩　类 | 结　　构 | 岩石分类名称 | 主要亚类及其组成物质 |
| --- | --- | --- | --- |
| 化学岩和生物化学岩类 | 结晶结构和生物结构 | 石灰岩 | 石灰岩,方解石含量>90%、黏土矿物含量<10%;<br>泥灰岩,方解石含量 50%～75%、黏土矿物含量 25%～50% |
| | | 白云岩 | 白云岩,白云石含量 90%～100%、方解石含量<10%;<br>灰质白云岩,白云石含量 50%～75%、方解石含量 25%～50% |

岩浆岩分布于地壳相对较深的位置,出露于地表的不多,覆盖面积小,在野外实习难得遇见,但是在实习区域却有分布比较广泛的峨眉山玄武岩一套地层,同学们实习考察时可认真观察。虽然地表见到的岩浆岩不多,不过岩浆岩的绝对含量却是三大岩类中最多的,占地壳总体积的 65%。常见的岩浆岩有花岗岩、闪长岩、安山岩、玄武岩(表 2-4),均可以在实验室观察其手标本。

**表 2-4　岩浆岩分类简表**

| 岩类 | | 大类 | $SiO_2$ 含量/% | 岩石类型 | 主要矿物成分 | 构造 | 结构 |
| --- | --- | --- | --- | --- | --- | --- | --- |
| 侵入岩 | 深成侵入岩 | 酸性岩 | ≥66 | 花岗岩、花岗闪长岩 | 钾(斜)长石、石英、黑云母 | 块状构造 | 全晶质中粗粒结构、似斑状结构 |
| | | 中性岩 | 52～<66 | 正长岩 | 钾长石、角闪石 | | |
| | | | | 闪长岩 | 角闪石、斜长石 | | |
| | | 基性岩 | 45～<52 | 辉长岩 | 辉石、斜长石 | | |
| | | 超基性岩 | <45 | 橄榄岩、辉石岩 | 橄榄石、辉石 | | |
| | 浅成侵入岩 | 酸性岩 | ≥66 | 花岗斑岩、花岗闪长斑岩 | 钾(斜)长石、石英、黑云母 | 块状构造、气孔构造 | 细粒结构、斑状结构、似斑状结构 |
| | | 中性岩 | 52～<66 | 正长斑岩 | 钾长石、角闪石 | | |
| | | | | 闪长玢岩 | 角闪石、斜长石 | | |
| | | 基性岩 | 45～<52 | 辉长玢岩 | 辉石、斜长石 | | |
| | | 超基性岩 | <45 | 橄榄玢岩 | 橄榄石、辉石 | | |

**表 2-4(续)**

| 岩类 | 大类 | $SiO_2$ 含量/% | 岩石类型 | 主要矿物成分 | 构造 | 结构 |
|---|---|---|---|---|---|---|
| 喷出岩 | 酸性岩 | ≥66 | 流纹岩、英安岩 | 钾(斜)长石、石英、黑云母 | 气孔构造、杏仁构造、流纹构造、块状构造 | 隐晶质结构、斑状结构、玻璃质结构 |
| | 中性岩 | 52～<66 | 粗面岩 | 钾长石、角闪石 | | |
| | | | 安山岩 | 角闪石、斜长石 | | |
| | 基性岩 | 45～<52 | 玄武岩 | 辉石、斜长石 | | |
| | 超基性岩 | <45 | 苦橄岩 | 橄榄石、辉石 | | |

变质岩则常常分布在大的造山带或者构造活动的区域，数量介于沉积岩和岩浆岩之间。在本实习区域未见变质岩出露，同学们可以通过实验室的手标本予以观察和描述。

## 2.3.2　岩石的肉眼鉴定的主要特征

(1) 岩石的颜色

岩石的颜色是指岩石新鲜面整体呈现的颜色。有风化情况的用地质锤敲击出新鲜面，在描述新鲜面的岩石颜色同时也要在记录中标注风化颜色及其可能引起的原因。

(2) 结构、构造

沉积岩结构有巨砾、粗粒、中粒、细粒砂状、粉砂状、泥质、生物骨架、生物碎屑、鲕粒、球粒、内碎屑、泥晶、豆粒、条带状、透镜状结构等，并描述胶结类型(基底式胶结、孔隙式胶结、接触式胶结、溶蚀胶结)、胶结成分(钙质、硅质、泥质)等特征；构造有层理、层面、流动、生物成因构造等(本书 3.2 节详述)。

侵入岩结构有粗粒、中粒、细粒、微粒、斑状、似斑状结构等，构造有块状、斑杂、流动、条带状构造等。

喷出岩(火山岩)结构有辉绿、粗玄、球粒、斑状、集块、火山角砾、凝灰结构等，构造有熔渣状、枕状、石泡、流纹、流线、流面、饼状、豆状构造等。

变质岩结构有变余结构、粒状变晶结构、鳞片变晶结构等，构造有变余构造、片麻状构造、片状构造、千枚状构造、板状构造、条带状构造等。

(3) 矿物成分及结晶状态、粒度形态、含量及变化

岩石矿物成分有石英、长石、岩屑、云母、方解石、白云石、菱铁矿、黄铁矿、磁铁矿、辉石、角闪石等，在描述时应注意各矿物成分的含量及变化，先描述主要成

分，后描述次要成分，各估算矿物成分含量总和小于或等于 100%。

结晶状态一般描述火山岩和变质岩显晶质和隐晶质、片状、粒状、柱状、块状。先描述晶体成分、估计含量、晶体形态与大小及变化情况，后描述基质。

对于碎屑岩内矿物粒度形态，从角状、次角状、次圆状、圆状、极圆状来描述，先描述碎屑物，再描述胶结物。

(4) 岩层描述

在岩性观察的基础上，进一步观察该套地层，从颜色、岩相、岩性变化、厚薄、互层、层理、片理、产状变化、有无化石、包体特征、不同岩层、岩体之间接触关系、原生构造方面描述岩层的总体特征。在描述分层时一定要准确分层。

## 2.3.3 碳酸盐岩的野外观察内容

实习区出露大部分是碳酸盐岩，故要求同学们重点掌握碳酸盐岩的野外观察与描述。主要观察岩石颜色、矿物晶体情况、单层厚度、碳酸盐岩中颗粒与泥灰岩的相对含量、颗粒类型及含量和沉积构造等。

碳酸盐类岩石矿物主要成分是方解石和白云石两个大类，相对应形成的岩石为石灰岩、白云岩。按颗粒占比和主要填隙物定名。

(1) 石灰岩的分类和命名

石灰岩以方解石矿物为主，按表 2-5 定名。

**表 2-5　石灰岩按结构成因划分的岩石类型(定名表)**

| 粒屑含量/% | | ≥50 | | <50～25 | <25～10 | <10 |
|---|---|---|---|---|---|---|
| 填隙物含量/% | | 亮晶＞泥晶 | 泥晶＞亮晶 | 泥晶≥50 | 泥晶≥75 | 泥晶≥90 |
| 粒屑类型 | 内碎屑 | 亮晶内碎屑灰岩 | 泥晶内碎屑灰岩 | 内碎屑泥晶灰岩 | 含内碎屑泥晶灰岩 | 泥晶灰岩 |
| | 生物屑 | 亮晶生物屑灰岩 | 泥晶生物屑灰岩 | 生物屑泥晶灰岩 | 含生物屑泥晶灰岩 | |
| | 鲕粒 | 亮晶鲕粒灰岩 | 泥晶鲕粒灰岩 | 鲕粒泥晶灰岩 | 含鲕粒泥晶灰岩 | |
| | 团粒 | 亮晶团粒灰岩 | 泥晶团粒灰岩 | 团粒泥晶灰岩 | 含团粒泥晶灰岩 | |
| | 团块 | 亮晶团块灰岩 | 泥晶团块灰岩 | 团块泥晶灰岩 | 含团块泥晶灰岩 | |
| | 三种以上粒屑混合 | 亮晶粒屑灰岩 | 泥晶粒屑灰岩 | 粒屑泥晶灰岩 | 含粒屑泥晶灰岩 | |
| 原地固着生物类型：生物礁灰岩、生物层灰岩、生物丘灰岩 | | | | | | |
| 化学及生物化学类型：石灰华、钟乳石、钙结层、泥晶灰岩 | | | | | | |

(2) 白云岩的分类和命名

白云岩的分类和命名要考虑白云石是原生还是次生交代。野外定名需根据观察的碎屑、矿物、生物等含量占比，按表 2-6 命名。

**表 2-6　白云岩的分类和命名**

| | | 交代白云岩的原生结构 | | | | | |
|---|---|---|---|---|---|---|---|
| | | 碎屑 | 骨屑 | 鲕粒 | 团粒 | 原地生物 | 泥晶、结晶 |
| 交代白云岩 | 白云石含量＜50% | 白云质碎屑灰岩 | 白云质骨屑灰岩 | 白云质鲕粒灰岩 | 白云质团粒灰岩 | 白云质礁灰岩 | 白云质泥晶灰岩、白云质结晶灰岩 |
| | 白云石含量＜50%～75% | 残余碎屑质白云岩 | 残余骨屑灰质白云岩 | 残余鲕粒灰质白云岩 | 残余团粒灰质白云岩 | 残余礁块白云岩 | 残余泥晶(结晶)灰质白云岩 |
| | 白云石含量＜75%～90% | 结核状白云岩、团粒状白云岩、孔洞状白云岩、角砾状白云岩 | | | | | |
| | 白云石含量≥90% | 各种结晶白云岩(按晶体粒径分)：砾晶白云岩以及极粗晶、粗晶、中晶、细晶、极细晶、粉晶、不等粒结晶白云岩 | | | | | |
| 原生白云岩 | 同生白云岩 | 隐晶白云岩、微晶白云岩 | | | | | |
| | 碎屑白云岩 | 砾屑白云岩、砂屑白云岩、粉屑白云岩、泥屑白云岩 | | | | | |
| | 原地生物 | 藻白云岩 | | | | | |

(3) 野外描述

野外实习过程中注意观察以下内容，并按以下情况进行描述：

① 观察岩石风化面和新鲜面的颜色、岩石结构，通过滴稀盐酸看其反应情况(稀盐酸滴在石灰岩上会剧烈起泡，白云岩起泡慢、少)快速区分出是石灰岩还是白云岩(一般情况下，白云岩风化面呈灰黄色至黑色，并有刀砍纹，图 2-1)(扫描图中二维码获取彩图，下同)。

② 岩层构造、层理类型(薄层还是厚层、层理明显程度)。

③ 区分喀斯特角砾岩(成分单一，一般由岩溶坍塌堆积形成)和原生角砾岩。

④ 观察地质形态特征(层状还是不规则状、块状)，不规则者多为礁块灰岩(白云岩)。

⑤ 确定成因标志：据岩性特征、构造特征和生物化石等确定。

在碳酸盐岩野外调查中，要分别对含非生物屑颗粒的碳酸盐岩及含生物屑颗粒和生物化石的碳酸盐岩、礁灰岩、结晶碳酸盐岩进行不同方法和内容的观测。

图 2-1　白云岩刀砍纹(摄于上石龙)

## 2.3.4　碎屑岩命名及野外观察和调查要点

1. 命名

碎屑岩命名一般采用三级命名法:含量≥50%的粒级定为岩石的主名,即基本名;含量介于 25%~50%之间的粒级以形容词"××质"的形式写在基本名之前;含量为 10%~25%的粒级作为次要形容词,以"含××"的形式写在最前面;含量<10%的粒级一般不参与岩石的命名。

进一步细分可按粗、中、细碎屑岩进行划分:① 粗碎屑岩(粒径≥2 mm)的命名——胶结物+砾石成分+结构+基本名称,如硅质长石砾岩。② 中碎屑岩(粒径 2~<0.5 mm)的命名——胶结物+结构+碎屑成分+基本名称,如钙质岩屑砂岩。③ 细碎屑岩(粒径<0.5 mm)的命名——胶结物+结构+基本名称,如泥质粉砂岩。

2. 陆源碎屑岩分类

陆源碎屑岩由碎屑颗粒、杂基、胶结物和孔隙组成。碎屑颗粒的大小(粒级)和成分决定了该碎屑岩基本特征,为碎屑岩分类提供了依据,通常划分时采用自然粒级标准。根据碎屑粒径,可以把碎屑岩分为巨型砾岩及(角)砾岩、砂岩、粉砂岩和泥质岩(黏土岩)四大类(表 2-7)。

**表 2-7　碎屑粒度分级**

| 粒径/mm | 粒级 | 岩石 |
| --- | --- | --- |
| ≥256 | 巨砾 | 巨型砾岩 |
| <256～64 | 中砾 | 砾岩 |
| <64～4 | 细粒(砾) | |
| <4～2 | 极细粒(卵) | |
| <2～1 | 极粗砂 | 砂岩 |
| <1～0.5 | 粗砂 | |
| <0.5～0.25 | 中砂 | |
| <0.25～0.125 | 细砂 | |
| <0.125～0.063 | 极细砂 | |
| <0.063～0.004 | 粉砂 | 粉砂岩 |
| <0.004 | 黏土(泥) | 黏土/黏土岩 |

3. 结构

结构指碎屑颗粒的大小，分为粗、中、细等（详见表 2-7）。当碎屑岩中有一种结构存在时，则该结构名称参与命名。当碎屑岩中有两种结构存在时，按少的在前、主要的在后的顺序参与命名。当碎屑岩中有三种或三种以上结构存在时，以不等粒命名，且在后续描述中需注明各结构的含量及基本特征。

4. 野外碎屑岩成分、结构、构造观察

(1)（角）砾岩的野外观察要点

① 砾石成分及大小、磨圆程度。

② 砾石的分布：均匀或不均匀。

③ 观察扁平状砾石或长条状砾石的排列方向，有些杂乱分布，也有的定向分布，测量砾石 $AB$ 面产状（测 100～200 个）、砾石轴方向，观察有无叠瓦状构造。

④ 砾石间的支撑性，杂基、胶结类型（基底式、孔隙式、接触式、镶嵌式）。

⑤ 对于成分复杂的砾岩，要求在野外选择出露良好的位置（1～2 $m^2$），统计 100～200 个大小不等的砾石成分，计算其含量。

⑥ 对砾岩中所含砾石的大小（正粒序或者逆粒序）在剖面上的变化趋势、存

在砂岩夹层或透镜体，都要引起足够的重视，观察它们沉积旋回和层理特征的指示标志。

（2）砂岩的野外观察要点

砂岩由碎屑和填隙物组成，指碎屑中粒径为 2～0.063 mm 的颗粒占全部碎屑比例 50％以上的岩石，按粒级可分为粗砂岩、中砂岩、细砂岩。

① 根据砂粒大小、成分，即可在野外初步确定粒度（肉眼观察）和基本名称，如细砂岩、粉砂岩、石英砂岩、长石砂岩。

② 层理构造，重点观察层理类型，交错层理是砂岩中最常见的沉积构造，如何进行观察和描述见后述（见 3.2.4 节）。

③ 层面特征，如有无冲刷痕迹、层面平整与否等（具体见 3.2.4 节）。

④ 矿物成分、粒度（粒径大小）、沉积构造等在剖面上的变化及旋回性。

⑤ 实际工作中通常需要采集样品，制作薄片进行粒度分析，通过粒度分析、镜下鉴定可以查明胶结类型、接触关系、填隙物等基本特征。

（3）粉砂岩和泥质岩的野外观察要点

泥质岩最大的特点是，其黏土矿物含量大于 50％，一般情况下具有纹层和页理构造。命名按黏土泥质岩或者粉砂岩划分，进一步又按其中的其他矿物成分进行细分，颜色＋混入物＋黏土矿物＋基本名称，如灰黑色高岭石黏土岩、灰白色石英粉砂岩。在野外实习中粉砂岩和泥质岩观察要点：① 颜色、成分、粒度、层厚、纹层构造、有无韵律性或旋回性等；② 工作中往往需要采集样品，进行黏土矿物分析。

### 2.3.5 火成岩野外观察记录要点

实习区能接触到玄武岩，玄武岩的野外观察要点及命名如下。

（1）颜色：基本上能见到的玄武岩都呈暗色，一般为黑色、褐红色，少量为绿色至灰绿色、暗紫色。

（2）结构：多为斑状结构，基质一般为微晶结构、玻璃质结构。

（3）构造：常见气孔构造和杏仁构造（气孔充填石英、沸石、高岭石等），还可见熔渣状构造、枕状构造（海相喷发）、绳状构造。

（4）矿物组分：斑晶常见辉石、（基性）斜长石、橄榄石、角闪石和黑云母（少见），有时还可见石英，基质成分与斑晶基本一致。

（5）次生变化：常见蚀变矿物为橄榄石、角闪石和黑云母。橄榄石蚀变成蛇纹石、伊丁石（在低温、氧化条件下）。角闪石和黑云母常见暗化边，易蚀变成绿泥石、蛇纹石，斑晶多见溶蚀现象。

（6）命名原则，根据斑晶成分与结构构造命名。

① 斑晶矿物名称＋玄武岩，如橄榄玄武岩。

② 结构＋玄武岩，如玻基玄武岩、粗玄岩。

③ 构造＋玄武岩，如杏仁状玄武岩、气孔状玄武岩。

④ 特殊命名，浮岩(气孔多，大小接近，手掂较轻)。

命名优先顺序：先结构、后构造。命名按斑晶＋玄武岩，与沉积岩命名法则一致，斑晶量少的写在前面，量多的写在后面，如橄榄辉石玄武岩(橄榄含量比辉石含量少)，一般含量＞10％才参与命名。

# 第3章　地层与构造

## 3.1　岩石地层划分野外工作方法

在野外识别岩石地层，要熟悉岩石地层单位和地层岩性特征，这样才能与区域地层对照起来，准确找到目标层位。

### 3.1.1　划分原则

岩石地层单位的划分依据是岩石的宏观特征和岩石地层体在地壳中的相对地层位置。它可以是一种或几种岩石类型的组合，也可以是整体岩性一致、岩性均一的，也可以是规律的、复杂多变的岩类与岩性的组合，要求是野外易于识别和划分。

### 3.1.2　岩石地层单位的种类

按地层层序、地层系统统一的规则划分为不同的地层单位，分为群、组、段、层等级别。

① 群：岩石地层的最大单位。一般由垂向上相邻两个或两个以上具有共同岩性特征的组组合而成，是比组高一级的岩石地层单位。群的上、下界限往往为明显的沉积间断面（假整合和角度不整合）。群内部无沉积间断或不整合存在。群以具有代表性的地名命名。群代号是界、系、统的代号＋两个汉语拼音的首字母，如马平群（$C_2mp$）。

② 组：岩石地层的基本单位。组的岩石组合可由一种岩石构成，或者以一种岩石为主，夹有重复出现的夹层，或者由两三种岩石互层构成。组的划分界线必须是清楚、稳定的特殊岩性变化面或特殊结构构造标志层。组内没有沉积间断。组的符号，采用在系或统的后边加汉语拼音首字母，如二叠系下统栖霞组（$P_1q$）。

③ 段：组内次一级地层单位。段内岩层均一、有明显特征，与相邻岩层明显不同。段一般以上、中、下段命名，也可以用地名加“段”来命名，在组的字母上标

注数字，如二叠系下统栖霞组下段($P_1q^1$)。

④ 层：最小的岩石地层单位，指岩性、成分、生物组合等特殊，显著区别于相邻岩层的单层或复层。如生物化石层、矿层。

### 3.1.3　地层接触关系

新老地层在垂向上的叠加关系即地层的接触关系，通常分为整合、平行不整合(假整合)和角度不整合(不整合)这 3 种基本类型，见表 3-1 和图 3-1。

**表 3-1　地层接触关系特征表**

| 类型 | 特　征 |
| --- | --- |
| 整合 | 新老地层按时间顺序沉积，依次沉积，未发生沉积间断或者被剥蚀导致地层缺失，是连续沉积 |
| 平行不整合 | 相邻的新老地层产状一致，但是地史上曾经发生长时间的剥蚀，出现沉积中断，中间缺失部分地层，是不连续沉积 |
| 角度不整合 | 相邻的新老地层产状不一致，有不整合面的起伏、地层侵蚀，地层缺失，是不连续沉积 |

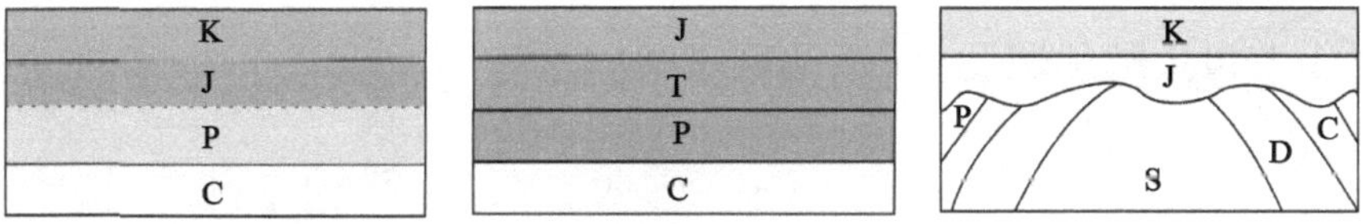


(a) 平行不整合　(b) 整合　(c) 角度不整合

图 3-1　地层接触关系示意图

## 3.2　地层构造描述野外工作方法

### 3.2.1　线理、节理构造特征观察描述

1. 线理(线状构造)

线理指褶皱枢纽、柱状矿物的定向排列、各种构造面的交线等。

① 矿物生长线理：由柱状、针状矿物等长形矿物沿晶体的长轴方向定向排列形成。一般由岩石受压、受力产生变形和变质过程中，矿物被压溶和重新结晶形成。

② 大型线理(图 3-2):往往出现在软硬相间的岩层中,当受到垂向或者近乎垂向岩层的挤压力时,较软的岩层被挤压向两侧塑性流动,夹杂其间的硬岩被拉伸或者被拉断,形成各种形式的断块,呈线性排列。

图 3-2 大型线理

2. 节理

(1) 节理几何分类

节理几何分类见表 3-2。

**表 3-2 节理几何分类**

| 分类 | | 主要特征 |
|---|---|---|
| 根据节理与岩层产状的关系 | 走向节理 | 节理走向与岩层走向大致平行 |
| | 倾向节理 | 节理走向与岩层走向大致垂直 |
| | 斜向节理 | 节理走向与岩层走向斜交 |
| | 顺层节理 | 节理面与岩层面大致平行 |
| 根据节理与褶皱轴向方位之间的关系 | 纵节理 | 节理走向与褶皱轴向大致平行 |
| | 横节理 | 节理走向与褶皱轴向大致垂直 |
| | 斜节理 | 节理走向与褶皱轴向斜交 |

(2) 节理力学性质分类

① 剪节理:岩石受剪应力的作用而产生的破裂面。剪节理产状比较稳定,破裂面延伸相对张节理来说比较远,破裂面之间的间距比较均匀,节理面平直光

滑，节理面两侧岩石可能会有少量的相对位移。典型的剪节理常组成 X 形共轭剪节理，当发育良好时会将岩石切成菱形、棋盘格式或柱状。

② 张节理：岩石受张应力作用而产生的破裂面。张节理产状不稳定，延伸不远，单条节理短而曲折，节理面粗糙不平，张开的裂隙后期又被其他物质充填，后充填的物质由于成分、颜色与原来的岩石不同在野外比较好识别。

图 3-3 所示为野外识别的节理。

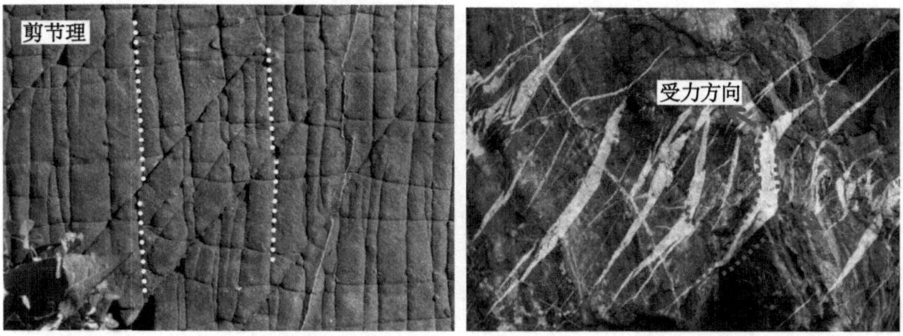


(a) 剪节理　　(b) 张节理

图 3-3　节理

(3) 节理的野外观察和研究

节理的分期：一次构造作用所形成的节理，一般构成一定的组合形式，即组成节理组和节理系。一个地区的节理一般都是多次构造的产物，工作时要把不同期次的节理加以区分。

节理的分期主要根据两个方面判断：

① 节理的交切关系

a. 节理错开，前期形成的节理被后期形成的节理切断；

b. 节理限制，后期节理的延伸发展受到前期节理的限制；

c. 节理互切，该区域的节理均为同期形成。

② 节理配套

节理配套要结合地质背景，把各期次的剪节理和张节理按力学性质配套。如共轭剪节理及其共生的张节理，组成一套节理。

(4) 与断层有关的节理

与断层有关的节理有张节理和剪节理，其中在断层两侧形成羽状斜列的张节理，常与断层面呈锐角相交，其锐角指示本盘运动方向。

(5) 区域性节理

这类节理是区域性构造的结果，与局部的褶皱、断层在成因上无关。它的主要特点是发育广泛，产状稳定，节理规模大，延长可达百余米，间距宽，可切割不同岩层，常可构成一定的几何形状。

(6) 节理的观察记录

弄清节理的性质及产出先后顺序，划分组和系，分期配套。记录内容主要为：所处的地层时代、岩性、构造部位，节理的产状、期次、性质、发育情况、密度以及节理中有无填充物等。

## 3.2.2 褶皱构造特征观察描述

(1) 褶皱分类

褶皱空间产出形态主要受轴面和枢纽的产状控制，根据轴面倾角和枢纽倾角将褶皱分为7种类型。

① 直立水平褶皱(图3-4)。轴面倾角80°～90°，枢纽倾伏角0°～10°。

② 直立倾伏褶皱。轴面倾角80°～90°，枢纽倾伏角10°～70°。

③ 倾竖褶皱。轴面倾角80°～90°，枢纽倾伏角70°～90°。

④ 斜歪水平褶皱。轴面倾角20°～80°，枢纽倾伏角0°～10°。

⑤ 斜歪倾伏褶皱。轴面倾角20°～80°，枢纽倾伏角10°～70°。

⑥ 平卧褶皱。轴面倾角0°～20°，枢纽倾伏角0°～20°。

⑦ 斜卧褶皱。轴面倾角20°～80°，枢纽在轴面上侧倾角70°～90°，且两者倾向、倾角基本一致。

图3-4 直立水平褶皱

(2) 褶皱要素

在野外需测量褶皱两翼的产状、褶皱枢纽的产状、褶皱轴面的产状和褶皱剖面方位角。

(3) 组成褶皱的岩层特征

岩性、新老关系等参照岩性野外观察描述要点进行描述。

(4) 几何形态

注意观察描述转折端形态、两翼褶皱层的厚度变化(两翼分开描述)、褶皱面弯曲的协调性、褶皱的对称性等。要注意绘制素描图和照相。

褶皱核部地层形态如图 3-5 所示。

图 3-5 褶皱核部地层形态

## 3.2.3 断裂构造特征观察描述

断层构造种类较多,形态规模分不同种类,这里只介绍常见的断层构造。按断层两盘的相对位移分为正断层(图 3-6)、逆断层、平移断层和枢纽(旋转)断层。

在野外通过以下标志识别断层:断层角砾岩、断层面上擦痕和阶步。

① 构造岩的描述:按岩石描述内容进行描述。当断层面有构造角砾岩时,要全面描述构造角砾的成分、砾径、排列形式、胶结物成分、胶结程度等;当断层面有糜棱岩时,要观察其结构特征及矿物的变形特征等。

② 断层两盘的岩层或者岩石的产状及变化。

③ 断层面产状及断层带宽度的测定。

④ 根据两盘地层的新老关系,观察两侧的小褶皱、牵引褶皱、擦痕、阶步、羽状节理延伸方向等条件综合判断断层两盘的相对运动方向,分析断层受力情况,

图 3-6　正断层

进行详细描述，并绘制素描图和拍照。

⑤ 断层的其他特征。

### 3.2.4　沉积构造特征观察描述

由于沉积岩覆盖地壳表面积的 70% 以上，工作中遇到的也大多数是沉积岩，实习区出露绝大部分亦是沉积岩，在这里重点介绍一下常见的沉积构造，以便同学们野外实操对照。

沉积构造是因构成沉积岩的沉积物的颜色不同、成分不同、结构的不均一性而呈现的岩石宏观特征。沉积构造发育规模一般较大，绝大多数在野外露头上及岩芯中便可直接进行观察和测量。按成因，可将沉积构造分为物理成因构造、化学成因构造、生物成因构造三大类（见表 3-3）。

**表 3-3　沉积构造分类**

| 物理成因构造 | | 化学成因构造 | | 生物成因构造 | |
|---|---|---|---|---|---|
| 流动构造 | 层面（波痕、冲刷痕、压刻痕、其他表面痕迹） | 结晶构造 | 晶体印痕与假晶、鸟眼构造 | 生物遗迹构造 | 足迹、爬迹、停息迹、潜穴、钻孔等 |
| | 层理（交错层理、爬升波痕层理、递变层理、平行层理、潮汐层理、均匀层理、韵律层理等） | | | | |

**表 3-3(续)**

| 物理成因构造 | | 化学成因构造 | | 生物成因构造 | |
|---|---|---|---|---|---|
| 同生变形构造 | 重荷模构造、球枕构造、包卷层理、滑塌构造、碎屑岩脉、泄水构造、喷出构造 | 压溶构造 | 缝合线、叠锥、结核、葡萄状构造 | 生物生长构造 | 生物骨架构造、叠层石、植物根痕迹构造 |
| 暴露构造 | 雨痕、干裂、冰雹痕等 | | | 生物扰动构造 | |

(1) 单层厚度

单层厚度指每一层岩层的厚度。

按厚度大小分为几类(表 3-4),根据尺寸在野外描述中应用。

**表 3-4　岩层厚度分层特征**

| 厚度/cm | <3 | 3～<10 | 10～<50 | 50～<100 | 100～<200 | ≥200 |
|---|---|---|---|---|---|---|
| 分类 | 微层状 | 薄层状 | 中层状 | 厚层状 | 巨厚层状 | 块状 |

(2) 层面构造

层面构造指在沉积岩层的顶面或底面上形成的构造,如波痕、细流痕、剥离线理、冲刷痕。

① 波痕

波痕是沉积物没有固结以前,受到水流、波浪或风的作用,在沉积物表面形成的波状起伏痕迹(图 3-7)。

(a)　　(b)

图 3-7　波痕(据郭英海)

② 细流痕

细流痕是沉积物表面受到细小水流的刻蚀作用所形成的侵蚀痕迹。当沉积物表面抬升脱离水面时，水便从沉积物中溢出，形成细水流，侵蚀而形成细流痕[图 3-8(a)]。

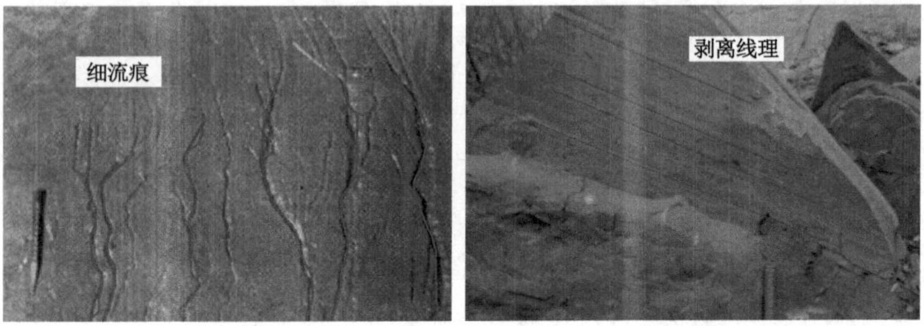


(a) 细流痕　　(b) 剥离线理

图 3-8　细流痕和剥离线理

③ 剥离线理

剥离线理由彼此平行的线状浅沟和低脊或颗粒弱定向排列而成[图 3-8(b)]。剥离线理与平行层理伴生出现，即分布在平行层理的层面上，沿层面剥开，出现大致平行浅显的线状沟和脊，是急流环境的良好标志。剥离线理出现在海滨、湖滨、三角洲平原和浊流环境，作为环境指示标志，出现于砂岩顶面上。要注意剥离线理与冲刷痕的区别。

④ 冲刷痕

冲刷痕指泥质沉积物表面受到水流冲蚀作用形成的痕迹。冲刷后的痕迹和坑槽又被上覆的砂质充填，则在上覆砂质层的底面形成一个铸型——槽模(图 3-9)。

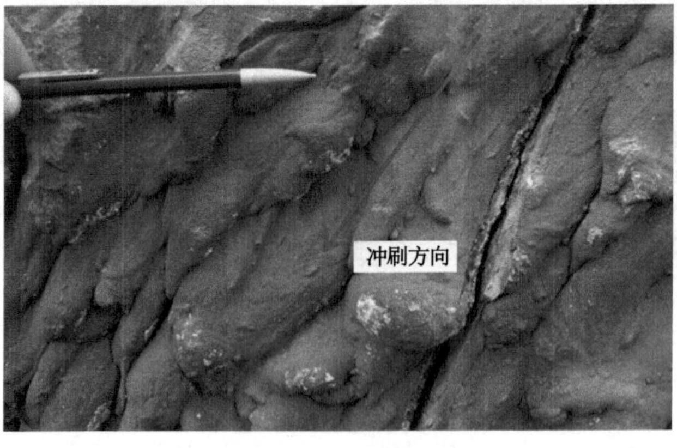


图 3-9　铸型——槽模

(3) 层理构造

层理构造即沉积物以不同沉积方式加积，而在岩层的垂向上(即垂直于沉积物表面方向上)显示出的一种层状构造。通常，由沉积物组分的颜色、成分、粒度、形状等显示的岩层内部构造，能反映岩层形成时所处环境。

① 块状层理：沉积物的物质成分和颗粒大小在沉积岩层内分布均一。

② 韵律层理：沉积物呈现不同物质成分、粒级、颜色等成层韵律产出(反复重复出现)，纹层厚度小于 3～4 mm，主要是细粒沉积物。韵律层理可由潮汐变化、季节性变化或其他原因(气候变化、冰川纹层)形成，如图 3-10 所示。

图 3-10　韵律层理

③ 粒序层理：是韵律层理的一种类型。其特征主要是一个沉积单元内颗粒大小逐渐变化，没有明显界线，除了粒度大小出现逐渐变化外，没有任何纹层，如图 3-11 所示。野外观察会发现，沉积物颗粒大小自下而上由粗变细时，是正粒序层理；而颗粒大小自下而上由细变粗时，称为逆粒序层理。

④ 水平层理：形成于水动力条件比较稳定、平静的水环境条件下，如河湖底部，河滩、潮坪、潟湖部位，如图 3-12 所示。沉积物垂向加积，水体中的悬浮物慢慢沉淀下来；在野外实习中观察岩石中不同组分或颜色来区分它的层理，层理呈现水平状产出，细部观察发现其细层面与上下层面平行，主要出现在泥岩、粉砂岩和泥晶灰岩中，在野外实习时同学们可以仔细观察泥灰岩有没有这些情况。

⑤ 平行层理：其特点是砂岩中细层与层面平行，受牵引流的影响在高流态动力条件下的平床垂向加积形成，多产生于河流、海滩、浊流能量高的区域，如图 3-13 所示。

⑥ 交错层理：由一系列细纹层与层理面斜交而组成的沉积单元，主要产出于碎屑岩和颗粒碳酸盐岩中，是识别较高能量环境的产物。交错层理进一步细

图 3-11　粒序层理

图 3-12　水平层理(据郭英海)

分为板状斜层理、槽状交错层理和楔形层理三种类型,如图 3-14 所示。

⑦ 波状层理:又叫潮汐层理,其特点是细纹层面呈波状起伏。在水动力条件强、弱交替的情况下(一般是潮汐环境中,泥、砂都有供应的情况下),由泥和砂交互沉积而成。波状层理容易产生于浅海、湖滨、三角洲前缘、河流等环境,如图 3-15 所示。

图 3-13　平行层理

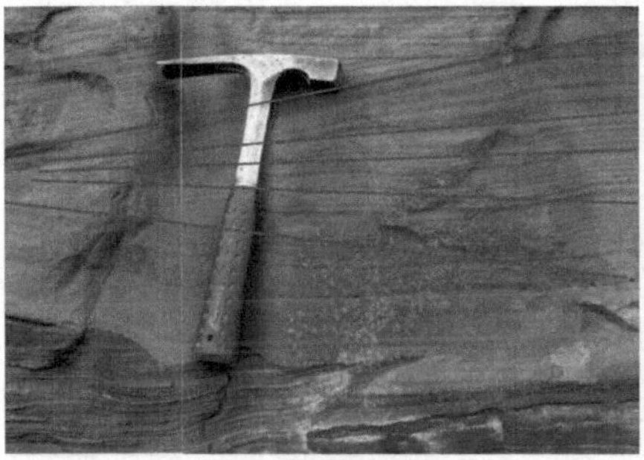

(a) 楔形层理

(b) 板状斜层理

图 3-14　交错层理

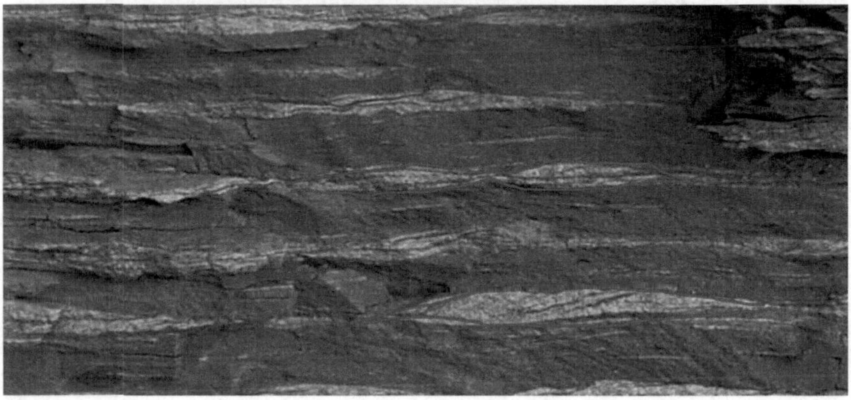

图 3-15　波状层理

⑧ 羽状交错层理：上下相邻层系内细层倾向相反的交错层理。两个相邻层系的前积纹层倾向相反（180°），界面明显，有时会出现一个泥质薄层。羽状交错层理是水流往返作用（周期性反复）下形成的，是潮汐环境沉积的识别标志，如图 3-16 所示。

图 3-16　羽状交错层理

⑨ 爬升波痕层理：由向上相互叠覆的波痕组成。爬升波痕层理形成于悬浮沉积物丰富，波痕向前迁移，并向上相互叠覆的环境，如图 3-17 所示。

图 3-17　爬升波痕层理

(4) 同生变形构造

同生变形构造，指沉积物还处于塑性状态时，即未完全固结成岩时，在物理作用影响下发生变形而形成的构造。同生变形构造有重荷模构造、球枕构造、包卷层理、滑塌构造、泄水构造等。

① 重荷模构造：又叫负载构造，分两种情况——一是下层为泥岩，上层为砂岩，在砂层底面上的突起底痕（是层面上的“砂”表现）负载构造；二是下层泥呈尖舌状挤入上覆砂质层中（是层面上的“泥”表现）的火焰状构造（图 3-18）。

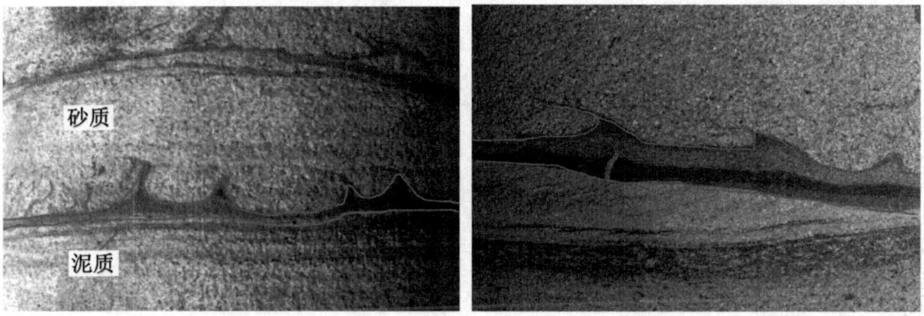


（a）负载构造　　（b）火焰状构造

图 3-18　重荷模构造

② 球枕构造：上层为砂层，下层为泥层，砂层部分陷入泥层，会形成一些紧密或稀疏排列的球状或枕状体（图 3-19）。球状或者枕状体大小从几厘米到数米不等，彼此之间可以是稍微联结的，也可以是完全孤立的，悬于泥质层之中。

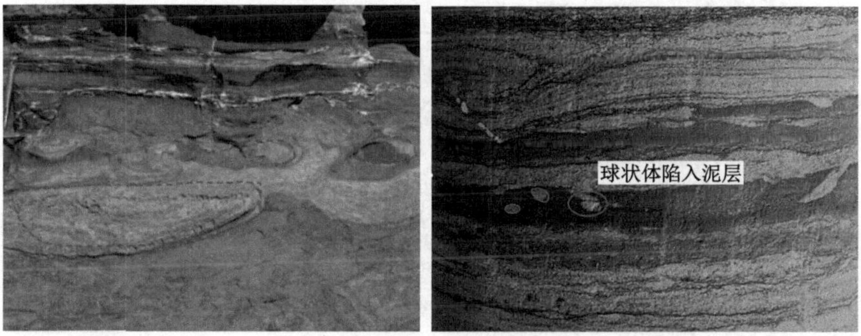


图 3-19　球枕构造

③ 包卷构造：它是在一个层内的层理被揉皱的现象，沉积物在上覆岩层沉积之前，受到力的作用，发生扭曲，如图 3-20 所示。

④ 滑塌构造：已沉积的沉积层还没有完全固结时，在重力作用下顺坡发生蠕动或者滑动，从而发生位移的各种同生变形构造。

⑤ 其他：如泄水构造、泥火山、沙火山、掩埋等。

碟状构造：砂岩中凹面向上的碟状泥质纹层，是在沉积后固结前，由于超孔隙压力所形成的，故也称为泄水构造（图 3-21）。

图 3-20　包卷构造

图 3-21　泄水构造

（5）暴露成因构造

暴露成因构造是沉积物表面短时间内暴露于地表形成的，包括干裂、雨痕、冰雹痕等。

① 干裂（泥裂）：是沉积物在暴露时受到暴晒、干涸、收缩作用而形成的，从平面上看呈多边形，从剖面上看呈“V”字形（图 3-22）。

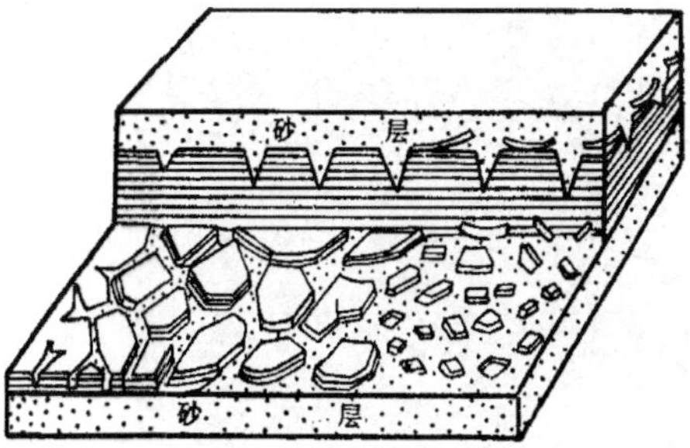


(a)

(b)

图 3-22　干裂

② 雨痕和冰雹痕：是沉积物暴露时受到雨滴或冰雹冲击，在松软的表面所形成的小冲击坑，坑底较低，坑缘稍高。冰雹痕比雨痕深且大，形状与雨痕相比更不规则。雨痕如图 3-23 所示。

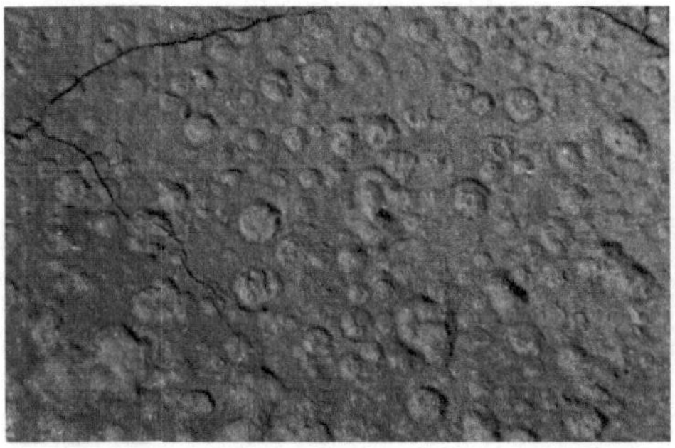

(a)

(b)

图 3-23　雨痕

(6) 化学成因构造

化学成因构造大多数是在压实作用和成岩作用过程中形成的，属于次生沉积构造。化学成因构造是发生在沉积时和沉积后，由于沉积物发生了结晶、溶解、沉淀等化学作用而形成的沉积构造，主要有晶体印痕与假晶、鸟眼构造、结核、缝合线构造等。

① 假晶和晶痕：在干旱条件下，由盐类矿物形成结晶，它们被溶蚀后其晶形孔洞被其他矿物充填而成[图 3-24(a)]。在上覆岩层的底面将发育相应的晶痕构造。

② 鸟眼构造：产生于泥晶、斑晶白云岩或灰岩中，通常见粒径 1～3 mm、像鸟眼形状的孔洞被亮晶方解石或硬石膏充填(或未被充填)的构造，大部分呈现

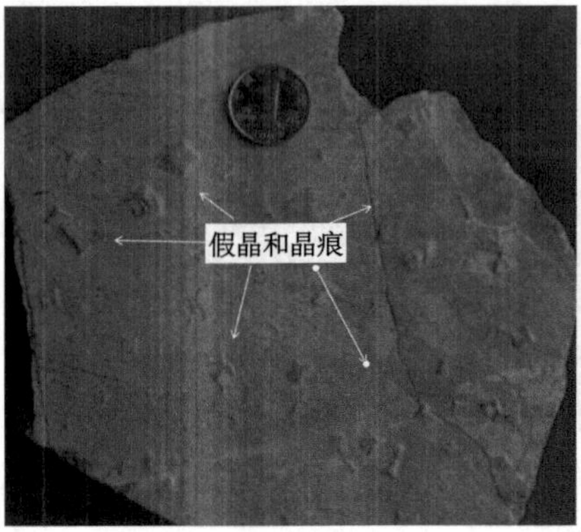


(a) 假晶和晶痕

(b) 结核

图 3-24 假晶、晶痕和结核

平行排列。鸟眼构造一般成群密集出现，因此又叫网格状构造或窗格状构造；常见于暗灰色泥晶灰岩中，密集充填亮晶方解石，又叫雪花构造。

③ 结核：是一种成分、结构、颜色等与围岩有显著差异的矿物集合体，由成岩阶段物质重新分配而引起。结核有碳酸盐质的、铁质的、硅质的、锰质的、磷酸盐质的等，形状有球形、椭圆形、透镜形或者不规则团块等[图 3-24(b)]。

④ 缝合线构造：在实习区常见，是一种在碳酸盐岩地层中广泛发育的裂缝构造(图 3-25)。其成因，大多认为主要受上覆岩层压力和温度作用而形成溶蚀。剖面上呈锯齿状的曲线；平面上呈现参差不平、凹凸不平的面；立体上呈下凹与凸起大小不等的柱体。缝合线构造在石英砂岩、硅质岩、盐岩等岩层内也有产出。

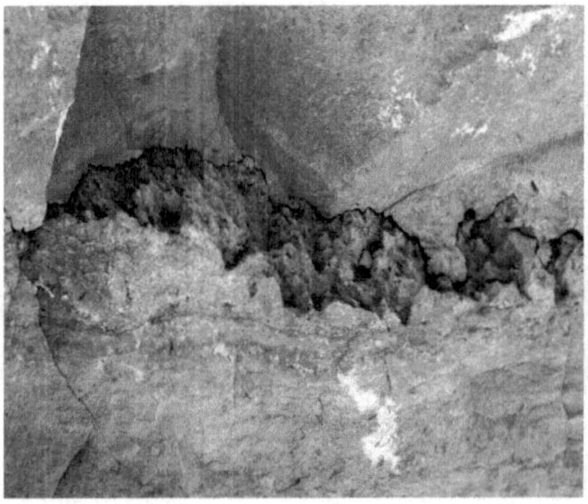

(a)

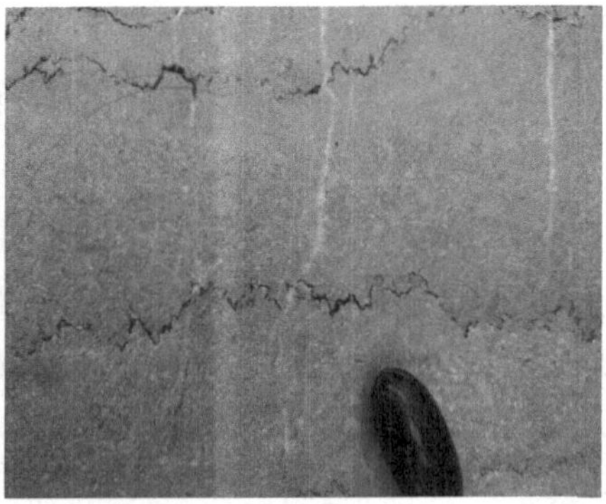

(b)

图 3-25 缝合线构造

（7）生物成因构造(遗迹化石)

生物成因构造是由生物活动或生长在沉积物表面或内部遗留下来的各种痕迹，包括生物遗迹构造、生物生长构造、生物扰动构造、植物根痕迹构造等，如钻孔、爬痕。生物遗迹如图 3-26 所示。

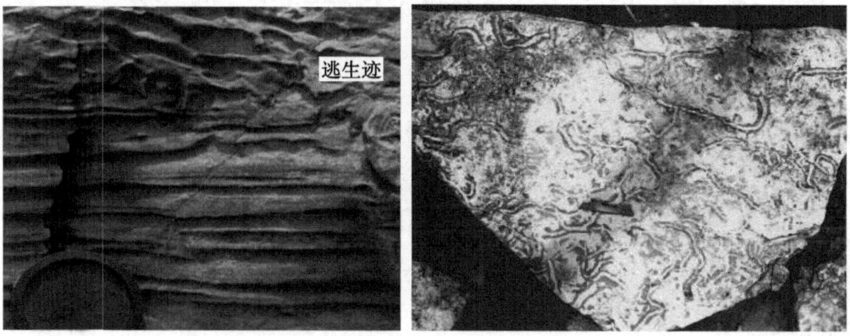


(a)　　　　(b)

图 3-26　生物遗迹

# 第4章　野外采样操作方法

采样是野外地质工作的重要内容，样品质量的好坏，直接影响分析结果和地质成果，同学们应给予足够的重视。野外采样工作涉及水样、岩矿、标本、土样等，为下一步测试分析工作准备，均需要标准采集样品，现就采什么样、在哪里采样、如何采集进行说明。

## 4.1　标准标本采集

无论是实习过程还是将来同学们从事地质相关工作，在某一区域展开地质工作的踏勘时，均需要采集标准标本，这些标准标本要具有鲜明的代表性，可以是岩石、矿物、生物化石、矿石、地层等标本。标准标本用于与区域地层、岩层、生物化石层相对照，并随着工作的进展逐步充实完善。

### 4.1.1　岩石标本

在采集岩石标本时，要对不同的岩层、岩性、构造、地层、岩石相带等分别采集。标本采集应选实习区（工作区）内分布广泛，极具代表性的岩石、化石。这样的标本才具有权威性，从而反映野外地质条件。如果是定向标本，标本上要画出走向线，走向线两端要画上铅垂线。标本标签要注明采样的地点、坐标、层位、倾向、倾角等数据，要针对岩石有简单的描述，以便于后续工作的开展。

### 4.1.2　矿石标本

矿石标本要根据矿石的自然类型、矿物组分、结构构造、风化程度、变质程度、矿石和围岩的关系等特征进行采集，要详细描述取样矿石层所在的点位、厚薄、产状、形态等。

### 4.1.3　岩、矿石研究标本

这类标本要针对具体问题进行具体分析，根据项目需求有选择性地采集，当然也可以在出露区进行系统的剖面采集。如果是为了研究矿物变化规律，要参照光片、薄片鉴定的样品要求和标准进行采样。

### 4.1.4　标本的规格

在实习或者工作过程中，采集标本的规则参考如下：

对于陈列标本，因为有规格的限制，尽量在野外选择大一点的岩石，带回实验室再加工成标准要求的规格（参考 3 mm×6 mm×9 mm 或者 3 mm×6 mm×12 mm）。矿物标本不受规格限制，手标本和岩矿鉴定标本大小适中即可（参考手握方便即可）。

### 4.1.5　样品整理及送样

① 对标准标本、陈列标本，必须要用记号笔标记编号。手标本虽然要求可以降低，最好还是用记号笔标记编号，记录本上要有相应的详细记录。

② 所有在实习或者野外工作区获取的标本必须填写标本标签，标本连同标本标签一起包装，并在记录本上进行一一对应配套登记。

③ 对于一些易吸水潮解、易氧化的特殊标本，如岩盐类标本，可用标准袋、胶带等密封包装，并写上详细说明。

④ 同学们在工作中会涉及采样送检，此处介绍一下送样要求：填写送样单一式两份，注明试验项目及要求、采样地点、采样层位、岩矿产状和鉴定要求，附上简单描述，必要时附剖面图或柱状图。

## 4.2　力学试验样

### 4.2.1　采样要求

① 采集的岩石同样要求具有代表性（顶板、底板、风化情况、不同层位等）。

② 现场用记号笔在样品上标定方向、产状、编号，并在记录本上标注在哪些层位、部位取样及规格数量，要有一一对应的详细记录。

③ 样品数量及规格：同学们工作后，在实际采样工作中，一般工程应用项目对于岩石都有抗拉、抗压、抗剪力学指标要求（表 4-1），野外采样应大些，以保证测试阶段实验室制样能满足标准。

**表 4-1　力学试验样规格要求**

| 试验项目 | 样品规格/cm | 样品数量 |
|---|---|---|
| 抗压试验 | 立方体 5×5×10，或者圆柱体 $r=3$，$h=5$ | 至少 3 块 |

表 4-1(续)

| 试验项目 | 样品规格/cm | 样品数量 |
|---|---|---|
| 抗剪试验 | 立方体 5×5×5 | 至少 12 块 |
| 抗拉试验 | 立方体 5×5×5,或者圆柱体 $r=3,h=5$ | 至少 3 块 |

注:样品数量是指在一种状态、一个受力方向上所需要的数量;如需要进行多种状态和受力方向试验,则根据实际需求调整数量。

### 4.2.2 送样要求

在填写送样单时,要详细写明具体的试验目的及数量、试验要求、制样要求等,并对样品作简单描述,必要时附取样点的地质剖面图。

## 4.3 土 样

### 4.3.1 原状土

(1) 取样方法

根据原状土取样标准进行取样。在野外露头取样时,首先要确定哪些部位需要土样,即定层位,然后用取土器(图 4-1)取土,或者根据不同的取样规格(参考:一般边长为 18~20 cm 的立方体或直径为 8~10 cm 的圆柱体)掏空四周,套入取样器,切断相连部分后,轻轻取出。在无取样器的情况下,可选用木板放置于目标土样的下部,切断相连部分后用木板截出;在平面上取样时,取样器由上部套入,切断根部取出样品或用木板截出样品。

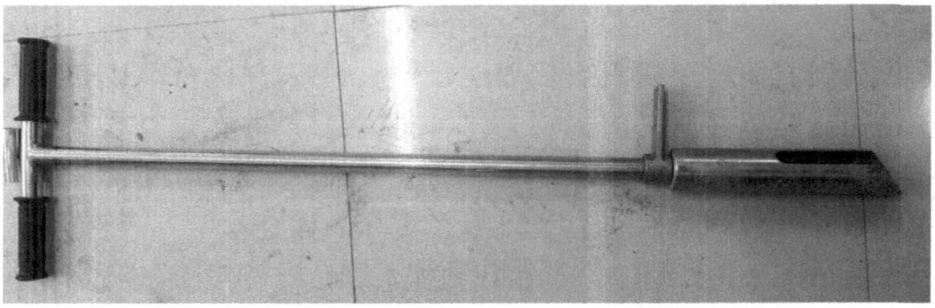

图 4-1 取土器

在岩土勘察现场,从钻孔中取样时,取样前的一次钻进不宜过深,以免下部土层受到干扰。取样时,取土器入土一般不超过孔径的 4 倍,土样长度为孔径的 1.5~3 倍。注意轻取轻放,小心谨慎,不要扰动它,使其保持原结构。

对取出的土样，在现场修整成试样规格，用麻纸（或纱布）和矿蜡密封，标明上下方向，贴上标签，登记装箱，并用锯末或砂土填实空隙，以防送样途中振动损坏（图 4-2）。

(a)　　　　(b)

图 4-2　土样的保存

(2) 测试项目

测试项目见表 4-2，可根据取样目的增减某些项目。

**表 4-2　岩土样分析项目表（参考）**

| 地层编号 | 岩土名称 | 项目 | 含水率 $W$/% | 含水比 $\alpha_w$ | 天然重度 $\gamma$/(kN/m³) | 孔隙比 $e$ | 液限 $W_L$/% | 塑限 $W_P$/% | 塑性指数 $I_P$ | 液性指数 $I_L$ | 压缩 | | 直剪 | |
|---|---|---|---|---|---|---|---|---|---|---|---|---|---|---|
| | | | | | | | | | | | 模量 $E_s$/MPa | 系数 $a_{1-2}$/MPa$^{-1}$ | 内聚力 $C$/kPa | 内摩擦角 $\varphi$/(°) |
| | | | | | | | | | | | | | | |
| | | | | | | | | | | | | | | |
| | | | | | | | | | | | | | | |
| | | | | | | | | | | | | | | |

取样单位：　　　　送样人：　　　　收样单位：　　　　收样人：

## 4.3.2　扰动土

(1) 取样方法

直接从露头或工程项目土样中采取，装入布袋或木箱（如需要测定天然含水率 $W$，必须用蜡密封）。对于砾石及砂类土，可以用四分法缩分取样，一般情况取样质量 0.5～1 kg。如果后续测试计划有击实试验，取样质量至少 25 kg。

（2）分析项目

① 土化学成分分析

需要测定样品的指标如下：$SiO_2$、$Fe_2O_3$、TiO、$Al_2O_3$、FeO、CaO、MgO、MnO 的燃失量等。

② 土可溶盐分析

需要测定样品的以下指标：pH、易溶盐含量、中溶盐含量、难溶盐含量、全盐量、有机质含量等。

### 4.3.3 送样

装好样品的样袋或木箱上应写上样品号，附有标签；送样单上写明分析项目要求，采样时间、地点等，并附有采样位置的地质剖面图。岩土样标签格式如表 4-3 所示。

**表 4-3 岩土样标签**

| | |
|---|---|
| 工程名称及编号（野外地点及编号）： | |
| 钻孔及探井编号（层位及编号）： | |
| 取样深度： | 扰动：是 否 |
| 试样描述： | |
| 取样人： | 取样日期： |

## 4.4 水 样

### 4.4.1 样品种类及取样容器

（1）原水样

原水样即不加保护剂的水样，用硬质玻璃瓶或聚乙烯塑料瓶盛装。在测定硼元素时，必须用聚乙烯塑料瓶装样。

（2）碱化水样

碱化水样指 pH 在 9 以上和加碱碱化的水样，用硬质玻璃瓶或聚乙烯塑料瓶盛装。测定酚、氯和硫化物的水样，要用硬质玻璃瓶装样。

（3）酸化水样

酸化水样指样本需要加酸酸化的水样，需要用硬质玻璃瓶或聚乙烯塑料瓶盛装。

取样注意事项：在使用新瓶时，要先处理瓶。必须先用 10% 硝酸溶液浸泡 24 h，取水前再用 10% 盐酸洗涤，然后用清水洗净，并用蒸馏水冲洗 3 次，在取样现场，用现场水样冲洗 3 次（细菌水样可直接装瓶）再取样。

### 4.4.2 水源采样步骤

不同场地、水源、水质分析目的，采样按各自的要求进行，可参照各行业取样标准和规范进行。

(1) 露天水源（泉、河、湖、水库）取样

瓶口放入水面下 10～30 cm 处再拧开瓶盖，使水流入。取水过程中注意不要将浑水及泥沙、污物、有机物等带入测试水样。如果取泉水样，需在出水处或水流汇集处采取。

(2) 沼泽取样

取水部位选择地下水流量大、储水（积水）深又隐蔽的位置。

(3) 抽水井中取样

抽水井中取水要先用抽水泵排出抽水管中的积水，待到积水排空，再用新鲜水冲洗 2～3 次后取水样。

(4) 水井和竖井中取样

在井内的水没有明显的停滞现象时，可直接取样；否则，应先排出积水，排水量为 1～2 倍水柱体积的水，待到出水都是新鲜水后再取样。

(5) 专门钻孔中取样

在长观孔中取样时，若在钻孔过程中使用过冲洗液，则必须先用水泵抽水，待孔中水位和水的化学成分稳定后再取样（可通过定期测 $Cl^-$ 含量来判定化学成分是否稳定）。

### 4.4.3 保存措施

① 将水样充满容器至溢流并密封。为避免样品在运输途中振荡及空气中的氧气、二氧化碳对容器内样品组分和待测项目的干扰，对 pH、BOD（生化需氧量）、DO（溶解氧）产生影响，应充满密封。但对准备冷冻保存的样品不能充满，否则冷冻之后膨胀会使容器壁破裂。

② 冷藏。冷藏的温度应低于采样时水样的温度，采样后应立即放在冰箱或冰-水浴中，置暗处保存，一般为 2～5 ℃，以抑制微生物活动，但不适合长期保存。

③ 冷冻。冷冻可延长储存期，但需要掌握熔融和冻结技术，使样品在熔融

时能迅速均匀地恢复到其原始状态。应选塑料容器。

④ 加保护剂。根据测试参数的需要加入生物抑制剂,加入氧化剂或还原剂调节 pH。

### 4.4.4 送样要求

① 水样水面距瓶盖应有不小于 2 cm 的空隙,封口,贴上标签(表 4-4),并放在阴凉避光处。每个水样瓶必须妥善保存和密封,并在包装箱内固定,以防运输过程中破损。

**表 4-4 水样标签**

| | | | |
|---|---|---|---|
| 样/孔/泉号 | | 样品号 | |
| 取样地点 | | | |
| 取样深度 | | 水源种类 | |
| 岩性 | | 浊度 | |
| 水温 | | 气温 | |
| pH | | 取样日期 | |
| 化学处理方法 | | | |
| 分析要求 | | | |
| 备注 | | | |

取样人: 交接人: 审核人:

注:备注中应根据实际情况填写如下内容:水体类型、气象条件(风向、风速、天气状态)、采样点周围环境状况、采样点经纬度、采样点水深、采样层次等。

② 对于需要添加保护剂的样品,应严格遵守剂量、浓度、纯度、顺序、方法等制样规定。

③ 在送样过程中要小心谨慎,严格防振、防冻、防晒,避免新污染物进入容器和玷污瓶口,使水样变质。

④ 详细填写送样单,格式如表 4-4 所示。

### 4.4.5 水样测试项目

(1) 水质简分析

分析项目有:pH、游离二氧化碳含量、$Cl^-$ 含量、$SO_4^{2-}$ 含量、$HCO_3^-$ 含量、$NO_3^-$

含量、$CO_3^{2-}$含量、$OH^-$含量、$K^+$含量、$Na^+$含量、$Ga^{2+}$含量、$Mg^{2+}$含量、总硬度及总矿化度等。每件样品采集 0.5～1 L。

(2) 水质全分析

除需要上述简分析项目外，另外增加 $NH_4^-$含量、全铁($Fe^{2+}$、$Fe^{3+}$)含量、$NO_2^-$含量、$F^-$含量、$PO_4^{3-}$含量、COD(化学需氧量)、TOD(总需氧量)、可溶性二氧化硅含量及耗氧量等。每件样品采集 1～2 L。

(3) 专项分析

包含上述全分析以外的其他项目，如微量元素、H/O 同位素分析等。工作中同学们会遇到的测定项目各种各样，可根据实际情况参照相关的标准取样。如:《生活饮用水卫生标准》(GB 5749—2022)；煤矿排污做水质调研，则需要使用《煤炭工业污染物排放标准》(GB 20426—2006)。无论什么类型样品取样，同学们都要有规范标准意识，遵循相关技术规范标准取样。

# 第 5 章　罗盘和 GPS 的使用方法

## 5.1　地质罗盘的结构

地质罗盘样式很多,但基本结构是一致的。学习和工作中常用的是圆盘式地质罗盘仪,由磁针、刻度盘、测斜仪、瞄准觇板、水准器等几部分安装在铜、铝或木制的圆盆内组成,如图 5-1 所示。

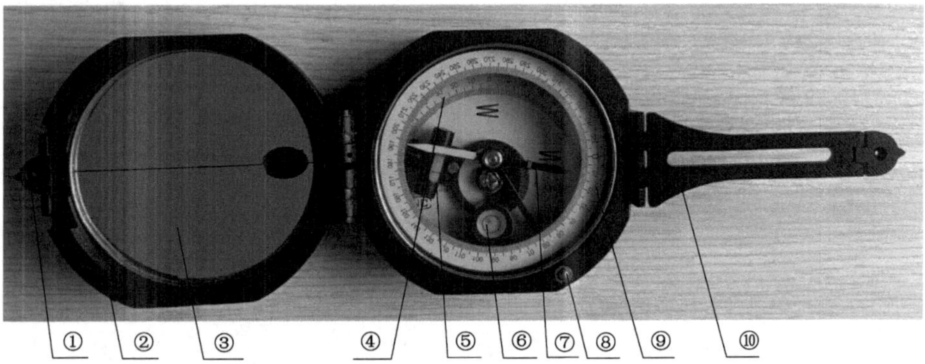


①—小瞄准器;②—上盖;③—反光镜;④—倾角刻度盘;⑤—长水准器;⑥—圆水准器;
⑦—磁针;⑧—磁针制动器;⑨—方位刻度盘;⑩—长瞄准器。

图 5-1　罗盘结构

下面简单介绍一下罗盘的结构以及在地质实习中能用到的一些罗盘功能。

① 磁针:是罗盘里中间宽、两边尖的钢针,分别指向南、北两个方向,缠绕铜丝者为南针,可自由转动。不用的时候要拧紧制动螺丝,将磁针抬起压在玻璃盖上避免磁针帽与顶针尖的碰撞,以保护顶针尖,延长罗盘使用时间。测量时拧开制动螺丝,使磁针自由摆动。当磁针保持水平时指示的是南北方向。由于地球是球体,同时我国又位于北半球,磁针两端所受磁力不等,磁力的不同会使磁针失去平衡,在北半球出现北针下沉。为了使磁针南北保持平衡,在南针上缠上几圈铜丝,在南半球则在北针上缠铜丝,赤道附近则不用。

② 水平刻度盘(方位刻度盘):罗盘玻璃盖顶部最边缘的刻度盘,从 0°开始按顺时针方向连续刻至 360°,0°和 180°分别为正北(N)和正南(S),90°和 270°分别为正东(E)和正西(W),可以用罗盘直接测得地面两点间直线的磁方位角。

③ 竖直刻度盘(倾角刻度盘):专用来读倾角和坡角读数,以 E 或 W 位置为 0°,以 S 或 N 为 90°,每隔 10°标记相应数字。

④ 悬锥:是测斜仪的重要组成部分,悬挂在磁针的轴下方,通过底盘处的觇板手动可使悬锥转动,悬锥中央的尖端所指刻度即倾角或坡角的度数。

⑤ 水准器:通常有两个,分别装在圆形玻璃管中。圆水准器固定在底盘上,用于测方向、方位平衡;长水准器固定在测斜仪上,用于测坡角、倾角。

⑥ 瞄准器:包括接物和接目板,反光镜中间有细线,下部有透明小孔,使眼睛、细线、目的物三者成一线,用以瞄准。

⑦ 磁针制动器:用于固定南北磁针使之不转动。

## 5.2　地质罗盘的使用方法

### 5.2.1　校正

无论在哪个工作场地,同学们在使用罗盘前必须进行磁偏角的校正。

各类地质、地形图所用的方位都是地理方位,而罗盘实际测出来的是磁方位,磁方位与地理方位之间存在一定的夹角,称之为磁偏角。由于地理上的南北两极位置与地磁的南、北两极不完全重合,即磁子午线与地理子午线不重合,地球上任一点的磁北方向与该点的正北方向不重合。

地球上任一点磁针北端正北往东偏叫作东偏,正北往西偏叫作西偏。东偏为正(+)、西偏为负(−),在我国除特殊磁力异常的情况外,一般磁偏角都是西偏。东经 25°地区,磁偏角在 1°～2°之间;北纬 25°以上地区,磁偏角大于 2°;若在西经低纬度地区,磁偏角为 5°～20°;西经 45°以上,磁偏角为 25°～50°。在我国,正常情况下,磁偏角最大可达 6°,一般情况下为 2°～3°。在贵州省各地会有不同,六盘水地区磁偏角约−2°。

地球上各地的磁偏角都可以在网上查到。若某点的磁偏角已知,则一测线的磁方位角 $A_{磁}$ 和正北方位角 $A$ 的关系为:$A=A_{磁}\pm$磁偏角。可应用这一原理进行磁偏角的校正,在校正时可旋动罗盘的刻度螺旋,使水平刻度盘向左或向右转动(磁偏角东偏则向右,西偏则向左),罗盘底盘南北刻度线与水平刻度盘 0°～180°连线间夹角等于磁偏角。经校正后测量出的读数就为真方位角。根据贵州省所处位置,同学们在使用罗盘前应先进行校正,左调 2°。

## 5.2.2 作用

在野外观察测量岩层时要遵守“远观近取，由面到点，点面结合”的工作方法。即针对要观察测量的目标地层，要先远距离观察，观察整套地层的倾向走向、地层的穿插，有无构造，观察点周围围岩出露情况，有无危岩、是否方便测量、地势植被等情况，这有助于把握地质现象的宏观特征；再近距离仔细观察岩层和地层的颜色、成分、矿物、生物化石、产状、形态、接触关系等具体细节，在观察时可以借助地质锤、放大镜、罗盘、小刀、稀盐酸等工具。

罗盘在实习及野外工作中有以下几个方面的作用。

(1) 测方位

准确测量某物体的方位是野外地质工作者应具备的最基本的技能。测方位是为了测定目标物与测量者之间的相对位置，即测定目标物的方位角。如构造面，该构造面所处的方位。在定点时，先要测量观察点的方位(位于××路、××村，××地形，××物体等)。测量方法如下：

首先打开罗盘盖，使罗盘的 N 极指向目标；其次，放松制动螺丝，让磁针自由转动；然后保持罗盘水平，使圆水准器的气泡居中，当磁针停止摆动时，即可直接读出北针所指圆刻度盘上的读数，也可按下制动螺丝后再读数，此时北针所指刻度假如是 50°，即说明目标在测量者的 50°方向上。当被测量的物体较高大时，把罗盘放在胸前，罗盘的长水准器对准被测物体，然后转动反光镜，使物体及长瞄准器都映入反光镜，并且使物体、长瞄准器上的短瞄准器的尖及反光镜的中线位于一条直线上，同时保持水泡居中开始读数。如果将 S 极指向目标，最终读南针所指圆刻度盘上的读数。

(2) 测量岩层产状要素

岩层产状要素包括岩层的走向、倾向和倾角。产状三要素的测量方法如图 5-2 所示。

① 走向：岩层走向是岩层层面与水平面交线的延伸方向。走向线可以有无数条，但是走向只有两个方向，且两个方向方向相反，刚好相差 180°。

在测量岩层走向时，将罗盘的长边(与罗盘上 N-S 相平行的边)的一条棱与层面紧贴(见图 5-2 走向，图 5-3)，罗盘与层面紧贴的棱不能离开层面，以紧贴的棱为轴，缓慢转动罗盘，使圆水准器的气泡居中，静待磁针停止摆动，按压住磁针制动螺丝，再读数，此时磁针所指读数即岩层走向。在读数时，读北针或南针都可以，因为岩层走向是朝两个方向延伸的，相差 180°。

② 倾向：岩层倾向是岩层面上的倾斜线在水平面上的投影所指方向，与岩层走向垂直，所以倾向加减 90°是走向。在测量岩层的倾向时，罗盘如图 5-4(a)

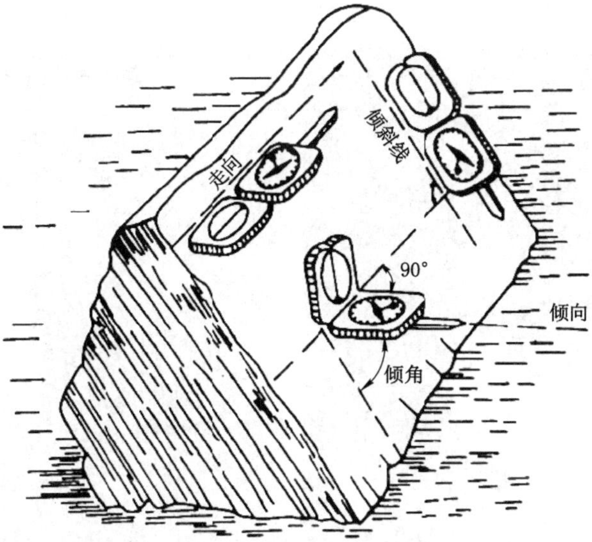


图5-2 测量产状示意图(据舒良树,2020)

图5-3 测岩层走向

放置,将罗盘带反光镜的一面紧靠岩层面。罗盘带反光镜的一面始终不能脱离岩层面,将罗盘带刻度这一盘上下左右缓慢转动,使圆水准器中水泡到达最中间,保持平衡,此时长瞄准器的指向与岩层倾向一致。当罗盘圆水准器中水泡水平、磁针不摆动时,压住制动螺丝再读数。在岩层的顶面或者上层面,应读北针所指的读数。受地势、露头情况的影响,在野外可能遇到的比较容易操作的界面是岩层底面或者下层面，此时应读南针（铜线缠绕的一头）。

（a）测倾向

（b）测倾角

图 5-4 测量岩层产状要素

③ 倾角：倾角是倾斜线与水平面的夹角。当罗盘直立，不好判断是否沿垂直于地面方向时，可滴水，水流方向即铅直方向。如图 5-4(b)放置，在测倾角时，使罗盘的长边紧靠岩层面，然后转动罗盘底面的手把，使测斜仪上的水准器（长水准器）气泡居中，此时测斜器上的尖端所指半圆刻度盘的读数即倾角。

在测量地层产状时，一般只需测量地层的倾向和倾角，而走向可通过倾向的方向加或减 90°得到。因此，在测量倾向和倾角时，必须先测倾向，后测倾角。

若被测量的岩层表面凹凸不平，不方便放置罗盘测量，此时，可把记录本平放在岩层面上当作层面，或者顺倾向延伸方向接续记录本，在记录本上测量产状，这样能提高测量的准确性和代表性。如果岩层出露很不完整，此时要找岩层的断面，找到属于同一层面的三个点（一般在两个相交的断面处易找到），再用记录本把这三个点连成一平面，此时测量记录本的平面即可。

(3) 岩层产状读数的记录和表示方法

在野外测得岩层产状要素要及时记录下来，同时要用专用符号标记在草图上。记录方法：通常采用方位角数值记录，如测得岩层走向为 30°，倾向为 120°，倾角为 70°，记录时应写为 120°∠70°，“∠”为倾角的符号。在记录时只记倾向和倾角即可，因为知道倾向，用倾向加或减 90°即可求得走向。

## 5.3　GPS 在野外地质工作中的使用

GPS(global positioning system)是美国于 1994 年全面建成的全球定位系统。GPS 主要由地面控制站、卫星、接收机三部分组成，卫星有 27 颗，距离地面 20 200 km，其中 24 颗运行、3 颗备用。这 24 颗卫星每 4 颗一组，沿 6 条轨道绕地球运行，一般不会有超过 12 颗卫星在地球的同一边，大多数 GPS 接收机可以追踪 8～12 颗卫星。GPS 接收机接收到 3 颗卫星的信号可以输出二维数据，只有经纬度而没有海拔高度；如果接收到 4 颗以上的卫星信号，就可以输出三维数据，能提供海拔高度；当接收到 6～8 颗卫星的信号时，才能做到精确定位。由于 GPS 手持机捕捉卫星信号的灵敏度高，单点定位的速度非常快，一般在 15 s 左右即可捕获 4 颗以上卫星的信号，从而可快速实现三维导航和定位。受限于卫星分布位置，GPS 测量高程的误差一般较大，为水平误差的 2～3 倍。

GPS 以全天候、高精度、低成本、操作简单、高效益等显著特点，广泛应用于野外地质工作，为地质定点提供了极大便利，大大提高了工作效率，尤其是在地物标志不明显的地形平缓地区。

### 5.3.1　调整 GPS 定位仪至工作状态

① 在出野外前先给 GPS 充好电，在到达野外认识点位、数据采集点位、构造点位等位置后打开 GPS(保证天线部分不受遮挡，能够看到开阔的可视天空，并随身带备用电池)。

② 按下红色的电源键并保持至开机，屏幕首先显示开机界面，按下翻页键后进入 GPS 主页面。

③ 清空 GPS 历史记录数据(开机进入主页面后按两次菜单键→选择航点→按输入键后即可看见历史记录的航点→再次按菜单键→选择全部删除。在每次采集前应该清除历史记录以免重复，但如果是继续采集同一块场地数据则不需要清除数据)。

④ 检查 GPS 的数据显示保存格式是否为度分秒。(开机进入主页面后按两次菜单键→选择设置→按输入键→选择坐标)

⑤ 检查 GPS 电量是否充足(电量过低会在屏幕下方显示)。

### 5.3.2 GPS 数据采集

① 到达需要采集数据的位置，进入 GPS 主页面，保持 GPS 静止 1～2 min，确保收到 3 颗以上卫星信号(屏幕中显示 3 条以上黑条，每条代表 1 个卫星信号的强度)，等到屏幕右上角显示精度在 10 m 以下时方可开始采集数据。

② 按住输入键 2 s，GPS 会自动记录当前位置，并显示标记航点页面。根据采集的数据类型进行编号，可按"＋""－"按键切换输入法。编号必须按顺序编写，并在采集记录卡上记录每一个采集点的相关信息，避免数据采集错误。确保编号不重复后选择"OK"键，再选择确定，完成一个点的数据采集。

③ 在采集管网、沟渠、村庄和道路时，必须严格按照实际形状进行记录，即在每一个拐弯处进行记录(不包括 5 m 内的拐弯)。

④ 在采集相邻两块地块时，不得越界交叉采集。

⑤ 当遇到标志物分布密度较大时，在采集时要求每个标志物的定位时间不得少于 10 min，GPS 手持机上显示的精度必须小于 5 m。

### 5.3.3 使用 GPS 的注意事项

① 延长观测时间。观测到一定时间后，GPS 可使难以模拟的各种系统误差(如高空电离层、对流层等的影响)减小到最小，从而提高观测精度。

② GPS 接收机需要在开阔的可见天空下使用，室内不能使用。GPS 接收机单点实时定位，在平面上的精度一般为±10 m。精度主要依赖卫星信号的接收和可接收信号的卫星在天空的分布情况，接收信号的卫星越多精度越高，卫星分布越分散定位精度越高。

③ 对 GPS 测量误差影响最大的因素是地形。在野外使用手持型 GPS 时，在山腰、山脊、山顶、无山平坦处等地形条件下，GPS 所受影响相对较小；而在陡崖、沟谷等地，GPS 所受影响较大。陡崖处的接收机定位误差很大，又无规律可循。在高山峡谷地带，由于高山沟谷的遮挡，可见卫星数减少。森林地区植被繁茂，由于受树木遮挡卫星信号差，有时可见卫星数少于 4 颗，难以进行 GPS 定位测量，即使能接收到 4 颗卫星信号，其定位精度和可靠性也较差。水面对电磁波有很强的反射能力，因此在湖面、湖边等处 GPS 定位的精度会大打折扣。目前，这方面还没有很成熟的方法可以克服。

④ 手持型 GPS 的高程定位能力相对比较差。当 GPS 接收到 4 颗及以上卫星的信号时，它能计算出本地的三维坐标——经度、纬度、高程。若只接收到 3 颗卫星的信号，它只能计算出二维坐标——经度和纬度，且此时的经度、纬度也不是一个很准确的值。虽然此时 GPS 可能还会显示高程数据，但该数

据是无效的。因此，使用GPS确定点位高程的误差较大，其数据只能参考。

⑤ 虽然GPS功能强大，对野外地质工作有很大帮助，但由于其屏幕小、地图缩放和漫游操作不便，相对而言还是传统地图更加方便人们翻查、寻找地理位置。二者有机结合依然是目前主要的使用方式，因此纸质地图和GPS还会长期共存，结合使用。

# 第6章　野外地质记录

在野外进行地质工作，必然涉及野外记录。野外记录作为原始资料，是下一步工作的基础，它用来记录和描述野外看见的各种地质现象。后续利用地质资料综合分析和开展进一步研究都要求原始记录的准确性。

## 6.1　野外地质记录要求

一本优秀的野外记录的标准是清晰、美观，文笔通畅、图文并茂。野外记录要求实事求是，客观反映实际情况——看到什么记什么。不能凭主观随意夸大或缩小或歪曲客观地质现象。允许在记录上表示出作者对地质现象的分析、判断。因为这有助于提高观察的预见性，促进对问题认识的深化。许多地质现象仅仅靠文字难以表达全面，必须辅以素描插图。尤其是一些重要的地质现象，如原生沉积的构造、断层、褶皱等构造变形特征，地层、岩体及它们之间的接触关系，要尽可能地绘图表示，好的图件能全面表达地质现象。因此要求：

① 记录本上的内容是真实的，必须按一定的格式和要求进行记录，用铅笔书写，字迹要工整、清晰。

② 记错的内容和写错的字要用铅笔划掉，重新写，不能用橡皮擦，更不能撕页和在记录本上乱写乱画。

③ 记录本用完后要妥善保管，编号存档，以备查阅。

## 6.2　野外地质记录内容

野外记录的内容要满足“全面、综合、系统”的原则，如进行区域地质考察，常采用考察点与考察线相结合的记录方法，整体记录考察线路，再细分该线路上的考察点，记录各点详细特征。考察点是地质特征上具有特殊性、关联性、代表性的地点。如构造点、地层分界点、岩性变化位置、岩层厚度的变化位置等重要地质现象出现的地方。考察线是连接考察点之间的连续路线，即沿途观察各考察点，将各考察点串联起来。观察线即路线：从哪里出发经过哪些位置到哪里，要写得具体清楚。考察点的记录要有：日期和天气、点号、点位、坐标、点性。点号：可从 No.001 开始，依次为 No.002，No.003……点位：详细说明，如在什么山、什么路、什么村庄的什么方向，距离多少米，如：蟠龙路边图书馆西南方向，距离图书馆 50 m。坐标，可根据地图软件、GPS、地形图等获得。观察点的位置要在相应的地形图上确定并标示出来。点性：岩性变化点、构造点、生物化石点、残坡积点、地层接触关系点等。

观察目的：说明在本考察点，重点观察的目的是什么，如观察某时代的地层特征（沉积岩、变质岩或者生物化石层等）及地层间接触关系（整合、不整合），观察某种构造现象（如节理、断层、褶皱），观察沉积岩的特征（成分、颗粒、层理等），观察某种地质动力导致的地质现象（崩塌、滑坡等）。详细记录观察的现象，这是观察记录的实质部分。针对的重点内容不同，相应的记录内容也要有所侧重，要求重点突出、主次分明。

例：若观察对象是层状地质体，则可按以下程序进行记录。

① 岩性特征。包括岩石的颜色、矿物组成（矿物占比）、结构（厚薄）、构造和工程特性等，并根据命名法则进行命名。

② 生物化石情况。是否有化石，化石的含量占比，保存是否完整，化石名称。

③ 岩层时代的确定。通过与区域地层资料比对确定。

④ 岩层的上下层、上下段有无变化，相邻地层间的接触关系，要有判断依据，如有侵入体现象，则要记录侵入体与周围岩体的接触关系。

⑤ 岩层产状，倾向、倾角、出露剖面方位角。如果有侵入体要记录侵入体的形态：岩墙、岩床、岩脉、岩株等。

⑥ 岩层出露处有无构造。假如是褶皱，那么要记录褶皱的发育情况（是褶皱的翼部还是轴部），判断的依据是什么要列出。

⑦ 岩层出露处有无节理发育，节理的发育状况，节理的性质（张节理还是剪节理，如何受力），节理发育密集程度，节理排列方式、展布方向，尤其是节理延伸的方向。

⑧ 岩层有无破碎，破碎程度如何，什么原因引起的破碎（岩性、受力、人为等），是否有断层，断层发育在哪些地层，断层产状，受力分析，判断的依据等。

⑨ 地貌，第四系（山形、阶地、河曲等），河谷纵、横剖面情况，河谷阶地及其性质，水文、工程地质特征（如喀斯特、滑坡、冲沟、崩塌等发育情况，在空间上的展布，水文工程地质现象的形成条件和发育规律，以及可能会对工程建筑的影响等，要有判断依据）。

⑩ 标本的编号和照片编号。如果采集了标本、样品或进行拍照等，在观察点记录的后面加上记录。

以上需要记录的内容仅供参考,遇到实际情况要根据需要进行增减。记录内容应该是全面的,但在实际运用时,需要根据不同观察点的性质而调整,有所侧重。注意沿途观察、记录相邻观察点之间的各种地质现象,使点与点之间的关系连接起来。绘制各种素描图、剖面图,一般在记录簿的右页记录,在左页绘图。当天现场(野外)工作结束后,要及时进行整理和小结,简明扼要说明当天工作的主要成果,尚存在哪些疑点或应注意之点,在整理资料的过程中遇到不清楚的情况时要标注出来,第二天再去现场核实查验。

以上记录项目应逐项分开,除日期和天气在同一格内之外,其余各项均要另开新行。表 6-1 为野外记录参考格式。

**表 6-1　野外记录格式(参考)**

日期：　　　　天气：

地点：

| ←2 cm→ | | ←1 cm→ |
|---|---|---|
| 点号 | 实习区观察点统一的编号,如:D001、No. 001 | 取样编号：<br>照片编号： |
| 点位 | 观察点的位置,横、纵坐标和高程,可以利用 GPS 或手机定位软件来读取 | |
| 点性 | 该点的地质意义,如:岩性点、化石点、水文点、构造点、矿点、分界点等 | |
| 描述 | 用一段话描述观察点及其周围的地质现象。描述地层要先老后新,具体从产状、颜色、成分、结构、构造、厚度、化石、与周围地层的接触关系等方面认真观察和记录 | |

## 6.3　实测剖面方法

认识实习不需要同学们对剖面进行翔实的实测,因此在此简单介绍一下,大家了解以为后续的填图实习做准备。

实测剖面的目的:查明地层层序,岩层厚度,沉积相类型及变化,化石内容,岩性和地球化学特点,含矿性,地层间的接触关系和时代,地层单位(填图单位)的识别特征和各单位间的分界标志和特点。因此,地质剖面是研究地层、岩石和构造的基础资料,根据剖面资料划分填图单位,是地质填图工作的前提。实测剖面的好坏、研究程度的高低,将直接影响地质填图的进度和质量。在沉积岩区,一般要求在正式填图之前要完成实测剖面。

地质剖面根据研究对象和目的可进一步细分为地层剖面、岩浆岩侵入体剖面、第四系及构造剖面。

实测地层剖面工作应在充分研究已有的地质资料并详细踏勘，基本了解测区地层出露的情况下进行。要进行测定的剖面位置一般应选择在地层岩性完整，构造简单，接触关系清楚，化石丰富，岩性组合和厚度具代表性的地段。

### 6.3.1 实测地层剖面的技术要求

剖面的选择原则：基岩露头好，地层出露多、全；构造简单，层序完整；接触关系清楚，化石丰富；岩性组合、岩层厚度具有代表性；便于测量和通行。

(1) 剖面走向

实测剖面线方向应穿层而过，即剖面线要基本垂直于主要地层构造走向。野外实际情况不会那么理想，尽量选择剖面线与走向夹角大于60°的剖面。

(2) 剖面露头

剖面线经过的具体位置要尽可能选择基岩露头连续性良好地段。露头良好部位一般是沿沟谷、河谷、道路两侧等位置。当露头不连续，实习实测区又找不到更合适的剖面位置时，可利用一些短剖面加以拼接，要注意拼接的准确性，防止遗漏和重复；也可以沿某一标志层将剖面线平移到露头较好的地段继续测量。在实际工作中还可以使用工程手段进行槽探、钻井取芯或剥土等工程揭露。

(3) 剖面比例尺

工作中实测剖面要坚持全面充分反映最小地层单位或岩石单位特征的原则。参照相关规范要求和测量对象的具体情况而定。实习过程中常用比例尺为1∶200～1∶500。

实测剖面以“层”为基本描述单位，层可以是单一岩性的，也可以是多种岩性的复合层，相邻两个层位要有明显的区别，这样的分层才是符合要求的。分层的依据包括：岩层垂向上岩性(颜色、结构、构造、成分等)和化石差异。绘图过程中遇到比较特殊的单层，但是厚度较小的，可以在剖面图上放大比例画在注解里，但要记录实际厚度数据。

(4) 实测剖面的数量

一般每个地层单位及岩性相带至少应由1～2个代表性实测剖面控制，且选择的剖面要在整个图幅中合理分布。实测剖面的数量主要根据实习区或工作区内岩性的变化复杂程度、厚度及其变化情况等因素考虑确定。

(5) 剖面描述及采样

在实测剖面时，必须逐层进行岩性描述，系统采集用于制作光片、薄片等的岩石标本和岩石光谱测试的样品。对沉积岩或副变质岩系应认真逐层寻找和采集化石(或微体古生物)标本。此外,根据调查任务的需要可采集化学分析样、人工重砂样、单矿物样等。必要时,还需采集同位素年龄样和古地磁样品等。

(6) 覆盖处理

一般在选定的比例尺下,剖面图上标定为 5 mm 以下的覆盖层,在岩性、构造稳定地段,可作连续露头测制;在剖面图上超过 5 mm 的覆盖层应标出,并尽可能结合邻近露头推测岩性,在剖面图上标于覆土之下,在柱状图上可直接标绘出岩性花纹,无法推测者注明掩盖,剖面图和柱状图花纹均为空。

(7) 脉体的处理

对于侵入地层中的岩脉,如果在剖面图上标定为 1 mm 以上,应分出;如果太多,频繁出现在剖面图上的可以选择几条代表者标出,在柱状图上不予表示。如果在剖面图上标定为 1 mm 以下,可以不单独分出,但应在文字记录中作简单描述。

(8) 当日整理

在一天工作结束后,应召集全组人员对野外实测工作进行逐导线、逐层校对,使记录、登记表、平面图、信手剖面图、标本样品互相吻合,以保证不出差错。若查出问题,室内不能解决,可在第二天复查后再开始工作。在测制剖面过程中如果碰到疑难问题,也可全组共同讨论解决。

### 6.3.2 实测地层剖面的方法与步骤

实测剖面时一般是地形、地质剖面同时测制,通常采用半仪器法,即用罗盘测量导线方位和地形坡角,用皮尺或测绳丈量地面斜距。实测地层剖面一般分为野外测制和室内数据整理两个阶段。

1. 野外测制阶段

(1) 选定好实测剖面位置后,首先进行详细踏勘,了解岩层的分层厚度、岩性组合规律、所产化石、地层接触关系、标志层等,并设立标记;根据露头情况布置山地工程如槽探、井探工程。

(2) 根据详细踏勘情况及任务要求制订工作计划,包括比例尺、测制方法、施测顺序、组织分工方案、工作定额及工作进程计划等。

(3) 野外实地测量。一个测制小组一般有 4~8 人。人员分工有前测手、后测手、分层人员、记录人员、标本样品采集人员、产状测量人员和野外信手剖面的绘制人员等,在人手少时可以兼顾。在测量时有专门的剖面登记表,其有关内容说明如下。

① 导线方位角:测绳(或皮尺)丈量的前进方向。由前、后测手持罗盘测量。后测手读北针数据,前测手读南针数据,如读数接近可取平均值,如差别较大要重新测量。

② 地形坡角：由前、后测手用罗盘测量，然后取两者的平均值。如差别较大则需要重新测量。若前进方向为上坡即仰角，记为正值；反之，前进方向为下坡即俯角，记为负值。

③ 斜距（包括导线斜距、分层斜距、标本和采样位置及地层产状等斜距）：从测绳或皮尺上直接读数。

④ 地层产状：产状的测量，要选择有代表性的层面。产状变化大的地方要多测量几个数据，以便保证换算地层真厚度的准确性。在工作时要注意区分层理面和节理面、基岩和转石。在岩层产状平缓或近于水平时，肉眼较难判断其倾向，此时可采用在岩层面上滴水的办法确定倾向；也可直接用罗盘测量，其方法是先将测斜仪上的指针对准 0 刻度，然后使罗盘长边紧贴岩层面来回转动几下，当测斜仪上的水泡居中时，罗盘的长边即代表岩层走向线，再测出该走向线的方位即可。

⑤ 实测地层剖面记录表内容必须在测量过程中逐项填入，不得有误或任意涂改。所有数据一律用铅笔填写，如有错误不可用橡皮擦去，而应用铅笔划掉，以保持原数据还能清晰看出，并在旁边记上新数据。其中岩性特征一栏，在记录表中只记录岩石完整的定名即可，详细的岩性描述应在记录本中记述。化石一栏主要记录化石的类别、数量等，如在野外能鉴定出属种的可以记录化石的属种名称。

⑥ 除了填写实测地层剖面记录表外，还应将剖面观察内容，按导线距和分层在记录本上进行详细记录。此外，在现场要绘出剖面草图或信手剖面图，以便于层位对比和构造分析。同时，还应按实地地形的起伏勾绘剖面草图上的地形线，并在其上方标绘出重要地物的位置，如道路、河谷、桥梁、房屋等的位置，以便室内作实测剖面图时参考（图 6-1）。

⑦ 剖面线的起、终点位置，剖面观测点，重要的岩层产状要素及地质界线等，都应准确地标定在地形图或航空相片上。定点可以采用 GPS 定位，辅以地形矫正的方法。一般采用大地坐标和经纬度双重标定的方法记录其位置。在记录表中可以记在备注的栏目中（表 6-2）。记录本上以定点的记录格式记录。

2. 室内数据整理阶段

在野外测制结束后，应及时进行室内资料整理及样品的处理，其中包括：对各项实测数据进行整理计算；样品分析鉴定；进一步整理、研究剖面地质资料，根据室内外分析鉴定成果对野外观察资料进行修正补充；绘制实测剖面图，编写剖面小结，划分地层单位及填图单位。

实测剖面各项数据的计算如下。

① 平距（$D$）（导线平距、分层位置平距、岩层产状测量位置平距和采样位置平距等）的计算：

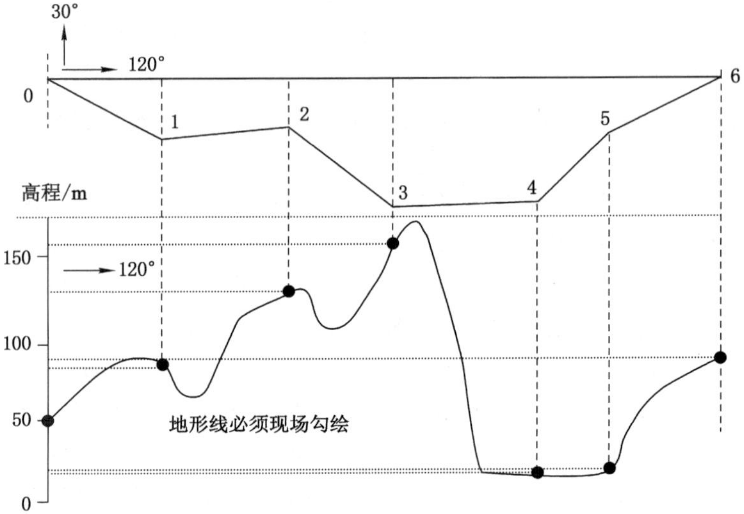


图 6-1　实测剖面地形线绘制

**表 6-2　实测地层剖面记录表(参考)**

剖面名称：　　　　比例尺：　　　　剖面坐标：　　　　记录：　　　　日期：

| 测点号 | 导线 | | | | | 高差 | 累计高差 | 地层记录 | | | | | | 产状 | | | | 导线与走向夹角 | | 视倾角 | 备注 |
|---|---|---|---|---|---|---|---|---|---|---|---|---|---|---|---|---|---|---|---|---|---|
| | 编号 | 方位 | 斜距 | 平距 | 坡角 | | | 层号 | 斜距 | 平距 | 岩性 | 分层厚度 | 地层厚度 | 倾向 | 倾角 | 斜距 | 平距 | 分导线 | 总导线 | | |
| | | | | | | | | | | | | | | | | | | | | | |

$$D = L \cdot \cos\beta \tag{6-1}$$

式中　$L$——斜距；

$\beta$——坡角。

② 导线高差($H$)及累计高差的计算：

$$H = L \cdot \sin\beta \tag{6-2}$$

累计高差是将各导线高差逐一累计相加而得。

③ 换算导线方位与岩层走向之夹角($\gamma$)：

$$\gamma = \text{导线方位角} - \text{岩层走向方位角} \tag{6-3}$$

④ 岩层真厚度($h$)的计算：

通过实测剖面资料得到岩层真厚度的方法很多，主要有计算法、赤平投影法、查表法、几何作图法等。目前，计算机技术发展很快，通过计算机计算，不仅速度快，而且可以直接输出地质剖面图。

计算法采用的计算公式：

$$h = L \cdot (\sin\alpha \cdot \cos\beta \cdot \sin\gamma \pm \sin\gamma \cdot \cos\beta) \tag{6-4}$$

式中　$L$——导线斜距；

$\alpha$——地层真倾角；

$\beta$——导线方向上地面坡角；

$\gamma$——导线与岩层走向夹角，岩层倾向与地形坡向相反时用“+”，反之用“—”。

## 6.4　素描图的绘制

在野外实习过程中，若遇到有意义的地质点(构造发育部位、岩性变化位置、上下组分界、上下段分界等)，原则上要求定点详细观察，并绘制信手剖面图。信手剖面图是在野外边观察边绘制而成的，不允许回到室内绘制。信手剖面图是以目测的方法勾画露头外形，并记录重要地质信息，可以直观、形象地展示野外露头。

### 6.4.1　信手剖面图绘制原则

(1) 快

在野外实习过程中及将来地质调查工作中，在每个露头点停留的时间有限，所以要求同学们在较短时间内完成图件绘制。可直接用铅笔或钢笔在野外记录本上勾画，不要求精工细作。

(2) 准

由于露头上地质现象纷繁杂乱，在绘图时，地质工作者必须加以选择，突出重点。在如实描绘客观现象的基础上表达必要的地质信息，忌用夸张、想象等手法对图件进行艺术加工。

(3) 全

信手剖面图必须包含必要的地质信息，才能体现其价值。信手剖面图要求尽可能注明以下几项内容：① 图名；② 比例尺；③ 信手剖面图一端的方位；④ 地质信息。

### 6.4.2　绘制方法和步骤

绘制野外露头信手剖面图常采用“远观近取”的方式。地质工作者先从远处观察露头外形，圈定绘图区域、勾画露头轮廓线，再近距离观察、记录露头上重要的地质体特征，丰富图件地质信息。

① 确定勾画绘制范围：确定信手剖面方向和起止点，需要绘制的构造点、岩性点的起点和终点，要能反映重要地质信息，如断层面、褶皱轴线、不整合接触关系、岩性变化特征等。

② 确定绘图比例尺：比例尺要根据每个构造点或者岩性点的长度视实际情况而定，每个信手剖面的比例尺不一定都一样。总的原则是所绘制的信手剖面图应尽量将完整地层显示在记录簿的同一页上，如因各种原因不能满足时，也要尽量减少页数，以达到完整、系统的效果。

③ 勾画露头轮廓线：露头轮廓线包括露头外形及其中的重要地质体。根据露头外形、重要地质体与标志物的大小比例及相对位置关系，可勾画出露头轮廓线，基本建立剖面图框架。再根据比例填充其余岩层厚度及形态，如有褶皱、断层、厚薄变化岩体等，应及时将其形态特征绘出。

④ 量取地层产状，丰富地质信息：在观测点上测定有代表性的产状，标在剖面的相应位置上，并填绘岩性符号，同时注记分层号、地层时代代号等。如描述对象是地层，则需要将出露的各地层岩性特征、矿层、化石、接触关系、产状等信息记录在剖面图上，不能直接反映的可以加注文字说明；如绘制对象是褶皱、断层、节理等构造，要着重描述显示构造的标志层及构造特征，包括两翼产状、上下盘标志、断层面产状、节理面夹角及产状等。

⑤ 标出标本采集层位和标本编号。

⑥ 在剖面上方写出剖面名称，标出比例尺和剖面方向、图例和绘图者及绘图日期等信息。

图 6-2 至图 6-4 为一些典型的素描图。

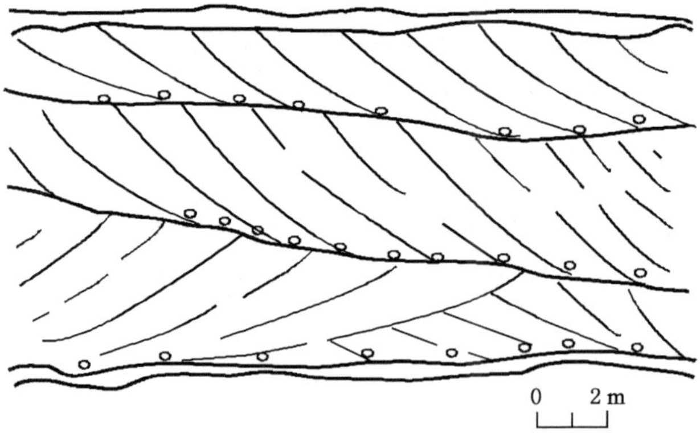


(a) 浪成交错层理

图 6-2 沉积构造

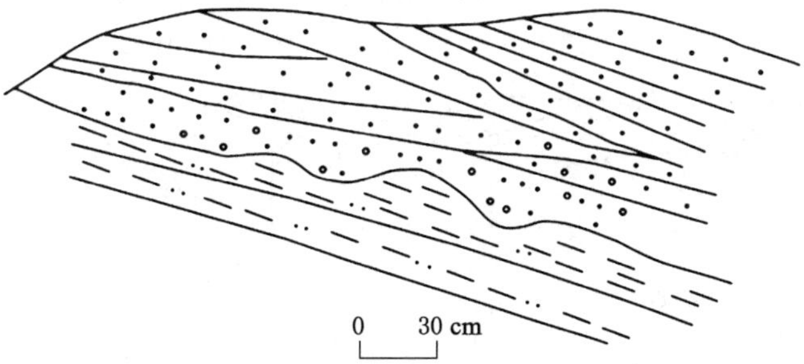


(b) 含砾粗砂岩底部冲刷面构造

图 6-2(续)

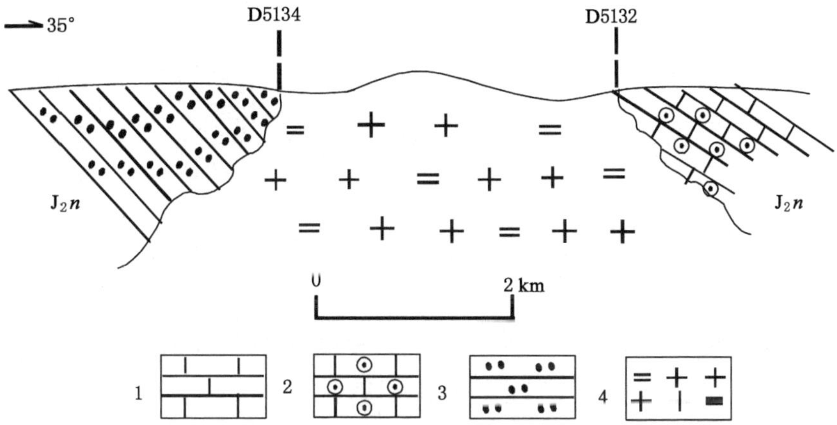


图 6-3　岩脉穿插关系

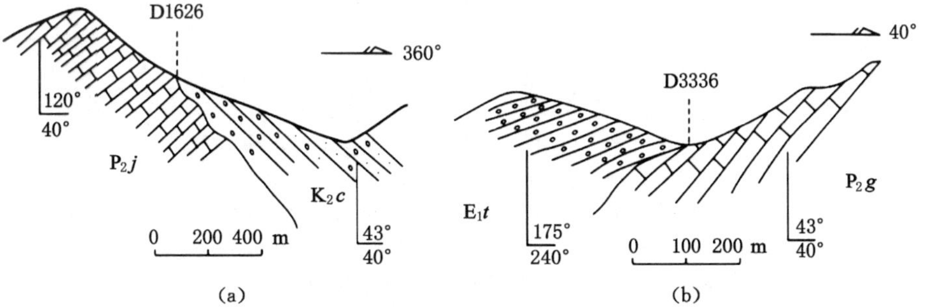


图 6-4　不整合关系素描示意图

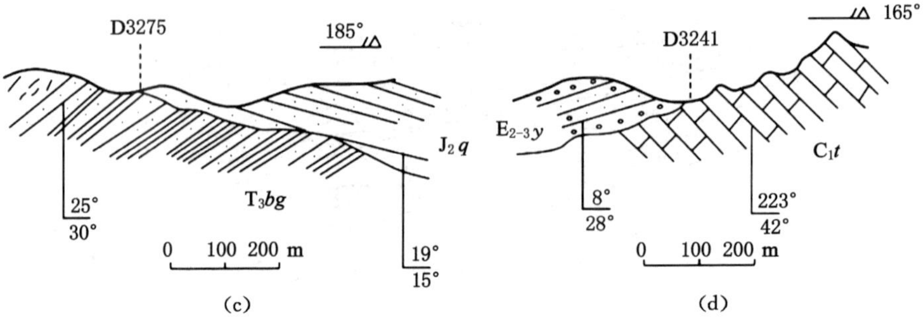
D3275
185°
J2q
25°
30°
T3bg
0 100 200 m
19°
15°
(c)
D3241
165°
E2-3y
C1t
8°
28°
223°
42°
0 100 200 m
(d)

图 6-4(续)

# 第 7 章　煤矿水文地质

为利于学生将来在煤矿从事地质工作，在此次实习的过程中，还应开展煤矿生产、煤矿水文地质相关工作的学习，同学们应了解岩溶区水文地质调查、钻探、野外试验方法，了解煤矿水文地质工作。

## 7.1　矿山水文地质调查

### 7.1.1　调查范围

调查范围涵盖三个方面：现有矿山水文地质情况，老窑水文地质情况，关闭矿山水文地质情况。

① 矿区水文地质调查区域不只是矿区范围，而是大于矿区的完整或相对完整的水文地质单元。

② 水文地质单元，可在 1∶5 万～1∶20 万水文地质图中确定(具体确定要素为隔水层边界、压扭性断裂隔水边界等)。

### 7.1.2　调查方法

对于灰岩含煤地层，地方矿区主要是岩溶区，主要介绍以下矿区水文地质调查的基本内容。

(1) 一般性调查

① 调查岩溶发育的形态、分布范围。

② 对地下水运动有明显影响的进水口、出水口和通道，应进行详细调查，必要时可进行连通试验和暗河测绘工作。

③ 分析岩溶发育规律、地下水径流方向，圈定补给区，测定补给区的渗漏情况，估算地下径流量。

④ 有岩溶塌陷的区域，还应进行岩溶塌陷的测绘工作。

(2) 裸露型地区岩溶调查

① 调查与开采煤层有关的岩溶含水层的分布范围和隔水边界。

② 调查地下水的补给条件、水位、动态和水质特征及其与区域地质构造、岩性、地貌条件的关系。

③ 调查全部天然水点，详细研究岩溶泉水的出露条件、控制因素，根据泉水出露的地形地质条件圈定汇水区，实测、访问或根据洪水痕迹推断其水位与流量的变幅。

④ 观察地下河系发育特征，调查控制暗河发育的断裂构造、褶皱轴及各主导裂隙的分布和岩溶层呈条带展布的规律，圈定地下河系的补给面积。

⑤ 调查地表水与地下水在不同水文地质单元间的相应转化关系。在水质受污染的地区，应注意调查污染源和污染方式与途径。在生产矿区，调查因采矿引起的潜蚀现象，以及矿井突水时井下有无涌沙涌水现象等。

(3) 覆盖型地区岩溶调查

① 调查覆盖层的总厚度，各分层的岩性、厚度、成因，其中含水层的分布、富水性、水质及其底部含水层同岩溶含水层之间的接触关系与水力联系。

② 调查并分析推断覆盖层下岩溶岩层不同岩性或非岩溶岩层的分布、地质构造及岩溶水的汇水条件。

③ 调查岩溶含水层的埋藏深度和岩溶含水层富水地段，主要通道的分布规律及其水质、水量特征。

④ 调查浅覆盖地区地表各种岩溶形态的展布方向、排列形式与地层、地质构造的关系，并判断下伏岩溶洞穴通道的情况。

⑤ 调查地表水与地下水的水力联系。

⑥ 当覆盖层为透水层时，还需要注意工农业污水对岩溶地下水的污染。

(4) 埋藏型地区岩溶调查

① 调查与开采有关的煤层顶底板各岩溶含水层的埋藏深度、岩性、厚度、岩溶洞隙率、水位、富水性及水质特征，褶皱形态和断裂构造对岩溶发育分布的控制作用。

② 调查同一水文地质单元各深埋型岩溶含水层露头带的水力交替运动条件及其对岩溶发育的影响。

③ 调查古岩溶的形态、存在的部位、规模、充填情况及其对现代地下水循环所起的作用。

(5) 岩溶水点及地下暗河调查

① 调查岩溶水点的地面标高及所处地貌单元的位置和特征，岩溶水点出露的地层层位、岩性、产状及构造部位，构造与岩溶发育的关系。

② 观测岩溶水点的水位标高和埋深、水的物理性质、气温和洞温，并取水样。

③ 观测溶洞内水流的流向和流速、洞内瀑布的成因和落差、地下湖或地下河的规模和流经地段，以及水生动物等的活动情况。

④ 调查水位及流量的动态变化，观测洪水痕迹，测量水深。部分岩溶水点应实测水文地质剖面图，并素描或拍照。

⑤ 对岩溶水点，应用连通试验调查其与邻近水点及整个地下水系的关系，重要水点可安排长期动态观测工作。

## 7.2　矿床充水条件分析

### 7.2.1　地下水类型

按照含水层埋藏条件，可将地下水划分为包气带水、潜水和承压水 3 种类型。

### 7.2.2　地下水含水介质类型

地下水含水介质类型可划分为：

(1) 松散岩类孔隙水(含土壤水、沼泽水、上层滞水等)。

(2) 基岩裂隙水(碎屑岩中节理、裂隙水)。

(3) 岩溶水(岩溶岩层中的水)。

岩溶水进一步分为碳酸盐岩裂隙溶洞水和碳酸盐岩溶洞裂隙水两个亚类。

① 碳酸盐岩裂隙溶洞水：主要分布于石灰岩、白云质灰岩地区，裂隙十分发育。地下水动力条件为管道、廊道集中径流运动，含水极不均一，主要排泄特征为地下河、岩溶大泉。

② 碳酸盐岩溶洞裂隙水：主要分布于白云岩区域，白云岩中的溶蚀裂隙、溶孔、小溶洞等发育，是地下水良好的赋存空间。地下水动力条件为裂隙网络状运动，含水较均一，主要排泄特征为岩溶泉、裂隙泉。

### 7.2.3　含水岩组

含水岩组可划分为：

① 松散岩类孔隙水含水岩组：主要为第四系沉积物。

② 基岩裂隙水含水岩组：碎屑岩地层统归该含水岩组。

③ 岩溶水含水岩组：碳酸盐岩组和不纯碳酸盐岩组统归该含水岩组。

### 7.2.4　含水岩组富水性指标的确定

(1) 岩溶含水岩组的富水性指标有埋藏型岩溶水和裸露型岩溶水两种。

① 埋藏型岩溶含水层的富水性以钻孔揭露后抽水时的单位涌水量($q$)作为评价指标——弱富水性：$q \leqslant 0.1$ L/(s·m)；中等富水性：$0.1$ L/(s·m)$< q \leqslant 1.0$ L/(s·m)；强富水性：$1.0$ L/(s·m)$< q \leqslant 5.0$ L/(s·m)；极强富水性：$q > 5.0$ L/(s·m)。

② 裸露型岩溶含水层的富水性以实测枯季地下径流模数 $M$(大泉、地下河出口)作为评价指标，即 $M > 6$ L/(s·km$^2$)为丰富，$M$ 值 3～6 L/(s·km$^2$)为中等，$M < 3$ L/(s·km$^2$)为贫乏。

(2) 基岩裂隙水含水层的富水性，以枯季地下径流模数 $M$ 作为评价指标，即 $M > 3$ L/(s·km$^2$)为丰富，$M$ 值 1～3 L/(s·km$^2$)为中等，$M < 1$ L/(s·km$^2$)为贫乏。

(3) 孔隙水含水层的富水性一般情况下以泉水或民井的出水量确定，即 $Q > 500$ m$^3$/d 为丰富，$Q$ 值 100～500 m$^3$/d 为中等，$Q < 100$ m$^3$/d 为贫乏。

### 7.2.5 地下水的补给、径流、排泄条件

地下水的补给、径流、排泄条件受各种自然因素的综合作用，局部受人为因素的影响，不同的地下水类型是各不相同的。

(1) 松散岩类孔隙水类型区

地下水的补给源主要为大气降水的渗入补给。由于松散岩类的渗透性强，易吸收降水的入渗补给，但储水能力较差，往往在吸收降水补给后，一部分位于就近沟谷或低洼地带以泉的形式排泄，另一部分补给下伏基岩中的地下水。

(2) 基岩裂隙水类型区

大气降水的渗入是基岩裂隙水的主要补给来源，补给量与降水量、降水形式及裂隙发育程度、地形坡度和植被发育情况有关。一般情况下，裂隙密度大且呈张开状态，地形坡度小，植被茂盛，降水停滞时间长，渗入补给量较大；反之，渗入补给量较小。

基岩裂隙水径流途径一般不长，在溪沟的切割条件下，常以泉的形式排泄。地形切割越强烈，泉的出露频度越大，但单个泉的流量则较小。

(3) 岩溶水类型区

岩溶地下水的补给、径流、排泄条件是一个比较复杂的问题。由于地层及岩性的组合关系，地质构造、水文网与地貌在空间上的组合情况，不仅决定了岩溶地下水的形成与赋存条件，同时也控制了岩溶地下水的补给、径流、排泄条件。岩溶地下水补给、径流、排泄条件总体上可归纳为以下几种类型：

① 石灰岩平缓褶皱深切河谷型。

② 白云岩平缓褶皱中切沟谷型。
③ 碳酸盐岩平缓向斜纵谷型。
④ 间层状紧密向斜谷型。
⑤ 间层状单斜型。
⑥ 间层状平缓向斜深部循环型。
⑦ 碳酸盐岩背斜分流型。
⑧ 碳酸盐岩向斜浅切沟谷型。
⑨ 碳酸盐岩向斜汇流型。

## 7.3 矿井的水文地质类型

从矿区水文地质条件和井巷充水特征出发，根据矿井及其周边是否存在老空积水、矿井受采掘破坏或影响的含水层性质和富水性及补给条件、矿井涌水和突水分布规律及水量大小、煤矿开采受水害威胁程度以及防治水工作难易程度等分类依据，把矿井水文地质划分为简单、中等、复杂和极复杂四种类型（见表 7-1）。

**表 7-1　矿井水文地质类型（据《煤矿防治水细则》）**

| 分类依据 | | 类别 | | | |
|---|---|---|---|---|---|
| | | 简单 | 中等 | 复杂 | 极复杂 |
| 井田内受采掘破坏或者影响的含水层及水体 | 含水层（水体）性质及补给条件 | 为孔隙、裂隙、岩溶含水层，补给条件差，补给来源少或者极少 | 为孔隙、裂隙、岩溶含水层，补给条件一般，有一定的补给水源 | 为岩溶含水层、厚层砂砾石含水层、老空水、地表水，其补给条件好，补给水源充沛 | 为岩溶含水层、老空水、地表水，其补给条件很好，补给来源极其充沛，地表泄水条件差 |
| | 单位涌水量 $q$/[L/(s·m)] | $q \leqslant 0.1$ | $0.1 < q \leqslant 1.0$ | $1.0 < q \leqslant 5.0$ | $q > 5.0$ |
| 井田及周边老空水分布状况 | | 无老空积水 | 位置、范围、积水量清楚 | 位置、范围或者积水量不清楚 | 位置、范围、积水量不清楚 |
| 矿井涌水量 /($m^3$/h) | 正常 $Q_1$ | $Q_1 \leqslant 180$ | $180 < Q_1 \leqslant 600$ | $600 < Q_1 \leqslant 2\,100$ | $Q_1 > 2\,100$ |
| | 最大 $Q_2$ | $Q_2 \leqslant 300$ | $300 < Q_2 \leqslant 1\,200$ | $1\,200 < Q_2 \leqslant 3\,000$ | $Q_2 > 3\,000$ |

**表 7-1(续)**

| 分类依据 | 类别 | | | |
|---|---|---|---|---|
| | 简单 | 中等 | 复杂 | 极复杂 |
| 突水量 $Q_3$/($m^3$/h) | $Q_3 \leqslant 60$ | $60 < Q_3 \leqslant 600$ | $600 < Q_3 \leqslant 1\ 800$ | $Q_3 > 1\ 800$ |
| 开采受水害影响程度 | 采掘工程不受水害影响 | 矿井偶有突水，采掘工程受水害影响，但不威胁矿井安全 | 矿井时有突水，采掘工程、矿井安全受水害威胁 | 矿井突水频繁，采掘工程、矿井安全受水害严重威胁 |
| 防治水工作难易程度 | 防治水工作简单 | 防治水工作简单或者易于进行 | 防治水工作难度较高，工程量较大 | 防治水工作难度高，工程量大 |

注：1. 单位涌水量 $q$ 以井田主要充水含水层中有代表性的最大值为分类依据。

2. 矿井涌水量 $Q_1$、$Q_2$ 和突水量 $Q_3$ 以近 3 年最大值并结合地质报告中预测涌水量作为分类依据。

3. 同一井田煤层较多，且水文地质条件变化较大时，应当分煤层进行矿井水文地质类型划分。

4. 按分类依据就高不就低的原则，确定矿井水文地质类型。

## 7.4 水文地质观测

矿区(井)地面水文地质观测的主要内容有气象观测、地表水观测和地下水动态观测。

### 7.4.1 气象观测

凡距气象台(站)大于 30 km 的矿区(井)，应设立气象观测站，站址的选择和气象观测项目应符合气象台(站)的要求。距气象台(站)小于 30 km 的矿区(井)，可只建立雨量观测站。

### 7.4.2 地表水观测

地表水文地质观测包括对河流、沟谷流量的观测和对地表水文钻孔水位、水温及水质的观测。河流、沟谷流量的观测每月 1 次，观测 3 次，取平均值，汛期加密，暴雨前后对比观测。

### 7.4.3 地下水动态观测

观测点应布置在下列地段和层位：

① 对矿井生产建设有影响的主要含水层。

② 影响矿井充水的地下水强径流带(构造破碎带)。

③ 可能与地表水有水力联系的含水层。

④ 矿井先期开采的地段。

⑤ 在开采过程中水文地质条件可能发生变化的地段。

⑥ 人为因素可能对矿井充水有影响的地段。

⑦ 井下主要突水点附近,或具有突水威胁的地段。

⑧ 疏干边界或隔水边界处。

在布置观测点时,应尽量利用现有钻孔、井、泉等。观测内容主要是水位、水温和水质,对泉水还应观测流量。

观测点应统一编号,设置固定观测标志,测定坐标和标高,并标绘在综合水文地质图上。观测点标高每年复测一次,如有变动,应随时补测。

## 7.5 观测时间

地面水文地质观测工作,在开采前一个水文年即应进行,在采掘过程中亦必须坚持观测。在未掌握地下水的动态规律之前,应每7～10天观测一次,随后每月观测1～3次。雨季或遇有异常时,需增加观测次数。水质监测每年不少于2次,丰、枯水期各1次。

观测工作要求同步进行,每次必须按固定的时间和顺序在最短时间内测完,要注意观测的连续性和精度。钻孔水位观测每回应有两次读数,其差值不得大于2 cm,取值可用平均数。测量工具使用前应进行校验。有条件的矿区应尽量使用智能自动水位仪观测、记录和传输数据。

## 7.6 井下水文地质观测

凡新开凿的井筒、主要穿层石门及开拓巷道,都要及时进行水文地质观测和编录,并绘制井筒、石门、巷道的实测水文地质剖面图或展开图。

### 7.6.1 井巷穿过含水层

应详细描述井巷穿过含水层的产状、厚度、岩性、构造、裂隙或岩溶的发育与充填情况,揭露点的位置及标高、出水形式、涌水量和水温等,并采取水样进行水质分析。

### 7.6.2 含水层裂隙

应测定含水层裂隙的产状、长度、宽度、数量、形状、尖灭情况、充填程度及充填物等，并观察地下水活动的痕迹，绘制裂隙玫瑰图，并选择有代表性的地段测定岩石的裂隙率。测定的面积：较密集裂隙可取 1～2 m²，稀疏裂隙可取 4～10 m²。其计算公式为：

$$K_{\mathrm{T}} = \frac{\sum ab}{S} \times 100\% \tag{7-1}$$

式中 $K_{\mathrm{T}}$——裂隙率，%；

$S$——测定面积，$m^2$；

$a$——裂隙长度，m；

$b$——裂隙宽度，m。

### 7.6.3 岩溶

应观测岩溶的形态、发育情况、分布状况、有无充填物和充填物成分及充水状况等，并绘制岩溶素描图。

### 7.6.4 断裂构造

应测定断裂构造的断距、产状、断层带宽度，观测断裂带充填物成分、胶结程度及出水情况等。

### 7.6.5 褶曲

应观测褶曲的形态、产状及破碎情况等。

### 7.6.6 突水点的观测及编录

应详细观测记录突水的时间、地点、确切位置、出水层位、岩性、厚度、出水形式和围岩破坏情况等，并测定涌水量、水温、水质和含砂量等。同时，应观测附近的出水点和观测孔涌水量及水位的变化，并分析突水原因。各主要突水点可以作为动态观测点进行系统观测，并编制卡片，附平面图、素描图或照片。

大中型煤矿发生 300 $m^3/h$ 以上的突水、小型煤矿发生 60 $m^3/h$ 以上的突水，或因突水造成采掘区域和矿井被淹的，要将突水情况及时上报相关部门。

突水点突水量的等级参照标准如下：

小突水点：$Q \leqslant 60\ m^3/h$。

中等突水点：$60\ m^3/h < Q \leqslant 600\ m^3/h$。

大突水点：600 $m^3/h < Q \leqslant 1\ 800\ m^3/h$。

特大突水点：$Q > 1\ 800\ m^3/h$。

### 7.6.7 陷落柱观测

应观测陷落柱内外地层岩性与产状、裂隙岩溶发育程度及涌水等情况，判定陷落柱发育高度，并编制卡片，附平面图、剖面图、素描图或照片。

# 第 3 篇

## 六盘水地质考察篇

# 第 8 章　六盘水自然经济地理概况

六盘水位于云贵高原中部，整个地势由东南向西北缓缓陡倾爬升。西部宣威东山海拔最高，为 2 866.4 m，东南部北盘江河谷最低，海拔为 691.8 m，一般地区海拔为 1 700～2 300 m。相对高差一般为 100～400 m；东南部北盘江流域切割剧烈，谷深崖陡，相对高差可达 800～1 000 m。地表山峰和山谷延伸方向基本与构造线方向一致，东北部为北西向，西北部为北东向，中部及南部多为北北东向、北东向及北西西向。

区域内水系发育较差，除东北缘约 300 $km^2$ 范围为长江水系外，均属珠江水系。主要河流有可渡河、革香河，均来自西部高原面上，向东奔流至都格汇合即成北盘江，再转南东流汇往广西，河流滩多、水急，在碳酸盐岩地区常成暗河，坡陡涧深。

六盘水市属冬春两季干旱寒冷、夏秋时节潮湿温凉的气候。11 月至次年 2 月多雾罩及凝冻。据水城气象站资料，年内每月平均气温以 7 月最高，为 19.8 ℃，1 月最低，为 3.6 ℃，气温最高极值 31.4 ℃，最低极值 −7.6 ℃。年降雨量大于 1 100 mm，年平均降雨日数 105 d，6—9 月为雨季(占年降雨量 84%左右)。

区域内地质矿产研究程度较高。在中华人民共和国成立后，先后有西南地质局、贵州省煤田地质局、贵州省冶金局、贵州省煤炭管理局等单位有计划地对六盘水地区进行了大规模的区域矿产普查和勘探工作。对铁、锰、铅、锌、铜、煤等矿产均进行了普查勘探，尤其铅锌矿、煤矿较多，研究程度较好。

# 第 9 章　区域地质概况

## 9.1　地层概况

区域内发育有寒武系下统至第四系的地层，其中缺失中上寒武统、奥陶系、下及上志留统、下泥盆统、上侏罗统及白垩系(表 9-1)。石炭系、二叠系和三叠系发育广泛，出露最广；下寒武统和中志留统出露面积最小，发育最差。此外，尚有上二叠统峨眉山玄武岩普遍分布，并有较多的辉绿岩体侵入石炭纪至早二叠世地层中。现就区域出露地层特征作简单介绍，以便同学们在实习时进行野外观察识别对照。

**表 9-1　地层系统简表**

| 系 | 统 | 地层 | |
|---|---|---|---|
| 第四系 | 全新统 | Qh | |
| | 更新统 | Qp | |
| 新近系 | | N | |
| 古近系 | | E | |
| 侏罗系 | 中统 | $J_2$ | |
| | 下统 | $J_1$ | |
| 三叠系 | 上统 | $T_3$ | |
| | 中统 | 法郎组 | ($T_2f$) |
| | | 关岭组 | 第三段($T_2g^3$) |
| | | | 第二段($T_2g^2$) |
| | | | 第一段($T_2g^1$) |
| | 下统 | 永宁镇组 | 第四段($T_1yn^4$) |
| | | | 第三段($T_1yn^3$) |
| | | | 第二段($T_1yn^2$) |
| | | | 第一段($T_1yn^1$) |
| | | 飞仙关组 | 第二段($T_1f^2$) |
| | | | 第一段($T_1f^1$) |

**表 9-1(续)**

| 系 | 统 | 地层 | |
|---|---|---|---|
| 二叠系 | 上统 | 宣威群($P_2x$) | 长兴组-大隆组($P_2c$-$d$) |
| | | | 龙潭组($P_2l$) |
| | | 峨眉山玄武岩组 | 第三段($P_2\beta^3$) |
| | | | 第二段($P_2\beta^2$) |
| | | | 第一段($P_2\beta^1$) |
| | 下统 | 茅口组 | ($P_1m$) |
| | | 栖霞组 | 第二段($P_1q^2$) |
| | | | 第一段($P_1q^1$) |
| 石炭系 | 上统 | 马平群 | ($C_2mp$) |
| | | 黄龙群 | ($C_2hn$) |
| | 下统 | 摆佐组 | ($C_1b$) |
| | | 大塘组 | ($C_1d$) |
| | | 岩关组 | ($C_1y$) |
| 泥盆系 | 上统 | 宰格群($D_{2\text{-}3}zg$) | 代化组($D_3d$) |
| | | | 桑郎组($D_3s$) |
| | 中统 | 华宁组海口段($D_2hn^2$) | 火烘组($D_2h$) |
| 志留系 | 中统 | 马龙群 | ($S_2ml$) |
| 寒武系 | 下统 | 沧浪铺组-龙王庙组 | ($€_1c$-$l$) |

## 9.1.1 寒武系

在区域内主要出露于宣威东山老鸦坡一地，居东山背斜核部，面积约 2 $km^2$。下部未出露，上部地层与华宁组海口段为假整合接触。出露厚度约 257 m。据岩性和生物群属又进一步分为下寒武统沧浪铺组和龙王庙组。

(1) 沧浪铺组($€_1c$)

该组岩石以灰绿色、灰色薄至中厚层的泥质粉砂岩为主，间夹细砂岩，中部及下部分别夹一层厚 30 余米的灰色中厚层细粒石英砂岩。出露厚度约 223 m。该组所含化石主要为三叶虫化石，在整个早寒武世时期比较繁盛。

(2) 龙王庙组($€_1l$)

龙王庙组与下伏沧浪铺组为连续沉积，本组岩层的开始处出现厚层灰岩。该组可分为上下两部分，总厚约 34 m。

上部主要是黄绿色薄层泥质粉砂岩，间夹灰色薄层泥质瘤状灰岩，顶部部分地区相变为深灰色泥质白云岩夹黄绿色页岩。主要生物化石是三叶虫化石，厚度约 27 m。

下部主要是灰色厚层细晶灰岩，具黄色泥质条带，夹中厚层鲕状灰岩。主要生物化石同样是三叶虫化石，厚度约 7 m。

### 9.1.2 志留系

志留系在六盘水实习区的西南部沿东山断裂有一点出露，长约 500 m。志留系上部与中泥盆统华宁组海口段假整合接触。下部被断层切割，出露厚度仅有 38 m，为黄绿色、灰绿色黏土质页岩，顶部数米呈紫红色。上部夹杂少量细砂岩及砂质页岩，下部夹杂薄层泥灰岩及灰岩。主要生物化石是角石、腕足类、腹足类和瓣鳃类生物化石。

### 9.1.3 泥盆系

这套地层主要出露于水城西南和东南部位，但是出露的面积不大，大约为 350 $km^2$，只有中、上统在区内零星分布。但是该套地层在西南部和东南部的沉积相不同，分为宣威相区和欧场相区。在此简单介绍一下。

(1) 宣威相区

该套地层出露为中统的上部地层。零星分布于西南部，以白云岩为主，生物稀少，零星分布，均为滨海相碎屑岩沉积。下段为紫红色泥岩，大致相当于滇东华宁组下部的海口段，上部及上统全都是一套白云岩组成，称为宰格群。上下部整合接触。

① 华宁组海口段大部分岩层以紫红色、灰绿色中厚层泥岩为主，上部地层夹杂泥质、砂质白云岩，下部地层夹杂灰白色石英砂岩薄层或透镜体；假整合于中志留统马龙群之上。

② 宰格群零星出露，假整合于下石炭统岩关组或者大塘组之下，与下伏的华宁组海口段为连续沉积。岩层为深灰色厚层-块状细至中晶白云岩，夹杂数层薄-中厚泥质白云岩，顶部为灰色中厚层白云质灰岩。生物十分稀少，偶见腕足类生物化石。

(2) 欧场相区

欧场相区仅出露中泥盆统上部及上泥盆统。据沉积环境分析，该地区出露的泥盆系沉积相为半深海沉积相，与下石炭统呈假整合接触。

① 火烘组厚度较大，可达 500 m 以上，主要由深灰色厚层、块状泥灰岩组成，夹多层泥质灰岩，顶部为深灰色中厚层致密灰岩，夹不等粒结晶生物灰岩。常见生物化石有翼足类、腕足类、珊瑚、层孔虫等。

② 桑郎组与下伏火烘组连续沉积，分界以灰色燧石层出现为本组开始。下

部为黑色中厚层燧石层；中上部为灰黑色中厚层燧石层，间夹硅质灰岩薄层及透镜体，含钙质条带和结核。常见生物化石为翼足类。

③ 代化组与下伏桑郎组连续沉积，但二者岩性明显不同，在野外很容易区分。该组岩性主要为浅灰色中厚层灰岩，富含黄色泥质条带。上部间夹深灰色薄层灰岩，底部间夹硅质灰岩、硅质岩透镜体。未见生物化石。

### 9.1.4　石炭系

石炭系发育良好，上、下统都很发育，在水城德坞出露，实习区野外易观察，因此这部分详细介绍。石炭系出露面积较大，以浅海环境生成的碳酸盐岩为主；与泥盆系呈假整合接触；总厚 420～1 670 m。

(1) 下石炭统

按岩性及生物群，下石炭统大致以李家岩—乌图河—加开—大寨弧形线为界，分为西北部宣威—水城地区及东南部乌图河地区。前一地区的碳酸盐岩多呈浅色，厚度大，生物丰富；而乌图河地区以富含硅质的深色碳酸盐岩为主，厚度小，生物稀少，组段划分困难，顶部尚有一层稳定的玄武岩。这套地层主要介绍宣威—水城地区出露的地层，在水城地区野外便于观察。

该套地层自下而上分为岩关组、大塘组、摆佐组，三者为连续沉积。除大塘组下部为碎屑岩外，其余均为碳酸盐岩。总厚为 275～1 061 m，由东向西变薄。岩关组和大塘组在雨格—纸厂—杨梅树一带，岩性及生物群出现东西差异。西部标志特征为产中国型珊瑚，而东部生物稀少，缺乏该珊瑚群。

① 岩关组($C_1y$)

岩关组出露于西部宣威板桥、银厂、宝山及东南部格所、祭山坡等地。岩关组下部与中上泥盆统宰格群呈假整合接触，厚 0～253 m。在雨格—纸厂—杨梅树以西的广大地区，可以云南宣威柴家坪子剖面为代表，按岩性一般可分为：

a. 上部：灰色、深灰色中厚层、块状灰岩，间夹生物灰岩，含少量燧石结核。在北部银厂，顶部为黑色泥岩夹粉砂岩。厚 0～84 m，含珊瑚、腕足类等生物化石。

b. 下部：灰色、深灰色中厚层细晶灰岩、燧石灰岩夹中厚层燧石层及白云岩，或白云岩透镜体。底部偶夹 10～20 cm 的黄色页岩，厚 0～71 m(银厂)，含珊瑚、腕足类等生物化石。

在纸厂—雨格以东的格所、祭山坡一带，岩性仍然可以分为两部分，即上部深灰色中厚层-厚层灰岩、生物灰岩，夹假鲕状灰岩，下部深灰色中厚层燧石灰岩、白云质灰岩及中厚层燧石层。该区大致可与西部上、下两部分对比，但厚度增加至 253 m，且生物显著减少，珊瑚及腕足类完全消失，偶见少量床板珊瑚等。

岩关组在宣威岩头上一带缺失，由此向四周增厚：向北至银厂厚 157 m；向东至宝山厚 91.3 m，至格所、祭山坡厚达 253 m；向南至松籽树厚约 71 m。厚度的这种变化受当时的古地理环境控制。在本组生物群中，腕足类自上而下均有分布。珊瑚仅限于上部富集。

② 大塘组($C_1d$)

大塘组伴随岩关组出露，另在东北部水城德坞、布坑底等地也可见及。下部以碎屑岩为主，上部则为浅海环境碳酸盐岩。除水城德坞、布坑底等地组成背斜核部未见底外，其余地区均与岩关组为连续沉积。总厚 62～579 m。

在雨格—纸厂—杨梅树以北及以西广大地区，仍以云南宣威柴家坪子剖面为代表。按岩性及生物群分：

a. 上部：灰色、深灰色中厚层至块状灰岩，含少量燧石结核，夹白云岩薄层和透镜体。但在银厂一带则以深色厚层白云岩为主夹少量灰岩。另在水城德坞地区，尚夹有生物灰岩和泥质灰岩。厚 38 m(柴家坪子)至 443 m(德坞)。所含生物群，在阿都戛—布坑底一带南北有所差异。南部板桥、宝山、银厂等地，珊瑚和腕足类均甚发育。北部德坞地区珊瑚显著减少，很少见及，而腕足类十分丰富，往往富集成层。

b. 下部：以黄色页岩及黑色碳质页岩为主。在银厂一带夹多层灰色中厚层石英砂岩、黄色粉砂岩和少量黑色泥灰岩、燧石层。向南石英砂岩和粉砂岩逐渐减少，而黑色泥灰岩、燧石层增多。南部松籽树地区几乎全由页岩、泥灰岩和燧石层组成。在水城德坞地区因地处背斜核部，底部未出露。厚 19～250 m，含腕足类、珊瑚等生物化石。

纸厂—雨格以东的格所、祭山坡一带，岩石中硅质成分显著增加。上部为深灰色、灰黑色厚层-块状燧石灰岩，间夹灰岩和生物灰岩，厚 72 m；下部为黄色页岩与黑色、黄色泥岩和燧石层的不等厚互层，夹少量黄色粉砂岩，厚约 86 m。就岩性而论，仍可与西部地区大致对比。但生物显著减少，珊瑚 、腕足类消失不见，零星见小型单体珊瑚和小型腕足类等。

大塘组厚度仍以宣威岩头上最薄，由此向四周增厚：向南至松籽树厚 87.5 m，向东至柴家坪子厚 183 m，向北至银厂厚 210 m。越过阿都戛—布坑底一带，大塘组厚度急剧增大，在水城德坞地区厚 579 m 以上。

上述大塘组生物群中，腕足类数量多、分布广。就垂直分布而论，腕足类或珊瑚在上部碳酸盐岩中较为富集，而下部碎屑岩则以床板珊瑚比较富集。其生物群中的主要成员大多是黔南大塘组中的重要分子。下与岩关组的界线，本组底部的石英砂岩或碎屑岩是良好的岩性标志。

③ 摆佐组($C_1b$)

摆佐组出露范围与大塘组相同，系区域内含铅锌矿的重要层位之一。实习区摆佐组于传统的大塘组上部及黄龙群下部出露。六盘水地区除东北部的响水河一带(即白马洞—七家寨一线以东)外，在板桥—纸厂—杨梅树以北地区，按岩性及生物群分为上部及下部。

a. 上部：以浅灰色、灰白色厚层-块状致密灰岩为主，夹鲕状灰岩、介壳灰岩、白云质灰岩及白云岩。厚度 80～250 m。含腕足类、珊瑚生物化石，此外中国地质大学(北京)、中国科学院古生物研究所等单位，曾先后在德坞一带采获过菊石、蜓类生物化石。

b. 下部：浅灰色厚层至块状细晶白云岩，夹灰岩、生物灰岩。厚 60～300 m，含腕足类生物化石。在板桥—纸厂—杨梅树以南地区，上部灰岩以夹白云质灰岩为主，下部发育较多的为白云质灰岩、灰岩，故难以划分出上述两部分。另外，在水城东北部的响水河地区，本组变为一套深灰色厚层至块状含燧石灰岩(图 9-1)，底部含白云质斑块，厚 178 m；生物显著减少，上述腕足类、珊瑚、菊石完全消失不见，仅蜓类较多。摆佐组总厚 130～554 m，一般 100～250 m。以盘州格所、祭山坡(554 m)，水城德坞(482 m)一带最厚，由此向四周迅速变薄，向西尤为明显。

(a) 燧石条带　　(b) 燧石结核

图 9-1　燧石灰岩

摆佐组的生物群以腕足类为主，珊瑚次之，仅在德坞地区发现菊石。本组上部，腕足类富集成层；在水城德坞，它们与西欧纳缪尔早期的特征菊石共生。下部则共同富集。

摆佐组与大塘组为连续沉积。以珊瑚的绝灭或腕足类的出现作为摆佐组的开始。在岩性上则以整套白云岩的出现作为二者的分界。

(2) 上石炭统

① 黄龙群出露范围与下统相同，连续沉积于摆佐组之上，以浅海相碳酸盐岩为主，厚 36～700 m。a. 上部：浅灰色厚层-块状致密灰岩，夹杂生物灰岩及鲕粒灰岩（图 9-2），厚 12～70 m，含蜓类、珊瑚生物化石。b. 下部：浅灰色块状细晶白云岩、白云质灰岩，夹杂不规则似层状、透镜状、鲕状灰岩，厚 35～580 m，含蜓类、珊瑚、腕足类生物化石。黄龙群与下伏摆佐组的界限，大部分区域以黄龙群底部出现的肉红色白云岩为分界标志。

图 9-2 鲕粒灰岩

② 马平群出露范围与黄龙群相同，以浅海相碳酸盐岩为主，厚 95～670 m，与下伏的黄龙群连续沉积。a. 上部：浅灰色、灰白色中厚层-块状致密灰岩，具球状、豆状结构，局部含有白云质，厚 50～80 m，含蜓类、珊瑚生物化石。b. 下部：浅灰色中厚层-厚层不等晶灰岩夹杂生物灰岩，局部底部夹 1～2 层紫红色、灰色泥质瘤状灰岩，厚 25～140 m，含蜓类、珊瑚生物化石。

整个上石炭统岩性、厚度变化大，生物群完全一致，以蜓类为主，珊瑚次之，菊石局部发育。蜓类繁衍于晚石炭世，在野外观察时以蜓的出现作为上石炭统上带的开始，仅集中存在于马平群的中上部，在靠近上石炭统顶部 0～50 m 范围很少见。

### 9.1.5 二叠系

（1）下统

二叠系发育比较完整，下统以碳酸盐岩为主，出露广泛，出露面积占水城—宣威总面积的 23%。底部为在滨海环境下形成的碎屑岩含煤沉积，上部为浅海环境碳酸盐岩沉积，总厚 740～930 m。

① 栖霞组（$P_1q$）

栖霞组分上下段，上段为浅海灰岩，下段为滨海碎屑岩，厚 234～415 m，大致由西向东逐渐变厚，与下伏过渡层顶部黑灰色中厚层状泥质灰岩整合接触。

a. 下段：上部为浅灰色中-厚层石英砂岩与黑色、深灰色页岩不等厚互层，夹煤层、煤线，偶尔见夹薄层燧石。顶部则以黑色页岩为主。页岩中产瓣鳃类[见图 9-3(a)]、腕足类、苔藓虫[为外形很像苔藓植物的无脊椎动物，是由许多个体组成的群体，所以也叫群虫，保留下来的是其群体的钙质骨骼，见图 9-3(b)]等海相动物化石。中下部为灰白色或黄褐色中-厚层石英砂岩，夹黄、灰、黑等色页岩及较少的砂质页岩、铝土质页岩和泥岩，时夹碳质页岩、薄煤或者煤线，底部常夹可采煤层一层。页岩夹层由下而上增多，其中含较多的植物化石碎片。

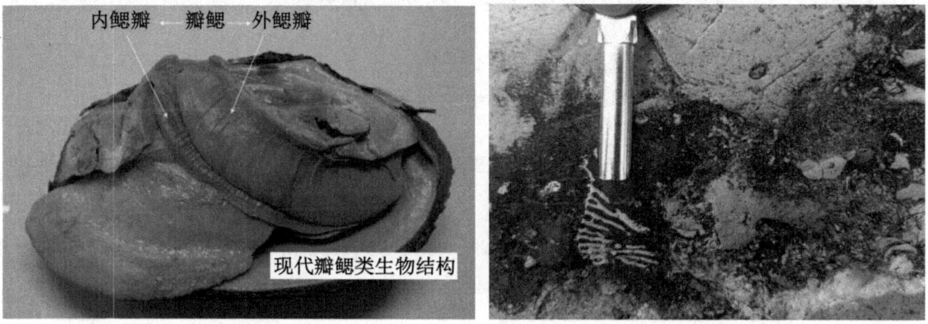


(a) 瓣鳃类　　(b) 苔藓虫

图 9-3　栖霞组下段生物化石

b. 上段：岩性主要为灰岩，由下而上进一步细分为三层。

第一层：上部为浅灰色、灰色厚层灰岩，常含燧石结核。中下部为深灰色、灰黑色中-厚层灰岩，夹杂黑色片状泥灰岩或者钙质页岩。中下部灰岩含泥质，具有浓烈的沥青味，一般向下颜色变深，单层变薄，泥质含量增高，泥灰岩夹层增多，波状层理或瘤状、凸镜状构造越发显著，生物化石主要是珊瑚[图 9-4(a)]。厚 24～74 m，一般为 50～70 m，大致由西向东逐渐变厚。

第二层：主要为浅灰色、灰色厚层状白云质斑块灰岩，又称豹皮灰岩[图 9-4(b)]，斑块直径为 10 cm 左右，含量为 20%～40%。厚 17～26 m，厚度比较稳定。

第三层：主要为浅灰色或深灰色厚层、块状灰岩，偶见少量结核状、透镜状燧石，在实习区多为含不等量泥质深灰色厚层灰岩。该层生物化石含蜓类较多，大量产出，还有珊瑚。厚 29～138 m，大致由西向东变厚。

本段灰岩一般以颜色深和含泥质为特点，生物以蜓类和珊瑚为主，厚度 99～228 m。由西向东逐渐变厚，厚度变化主要存在于第三层。第二层为本段

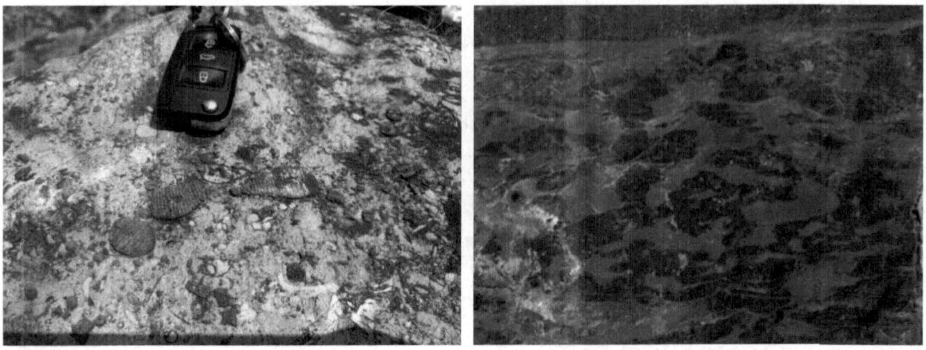

(a) 珊瑚　　(b) 豹皮灰岩

图 9-4　栖霞组上段生物化石(摄于马落箐)

白云质灰岩最富集的层位,色调较浅,厚度虽不大但稳定,为野外识别的标志层。

② 茅口组($P_1m$)

茅口组分为上下两段。下段为灰岩,上段为含燧石灰岩。生物化石以䗴类最多,总厚 454～698 m。实习区中部沉积最厚,大致向四面变薄,东部边缘最薄,与下伏栖霞组连续沉积。下面分别介绍上下段的具体特征,以便野外观察对照识别。

a. 下段:灰岩段,厚 277～411 m,一般为 300～400 m。由下而上可分为 3 个综合性大层。

第一层:中、上部为浅灰色或夹灰色厚层至块状灰岩,含有少量于岩层中分布不均匀的白云质斑块,少数地区含为数不多的燧石结核,偶见 1～2 m 厚的白云岩夹层。下部为浅灰色中厚层-块状灰岩,常见夹有呈条带状、云雾状散布的白云质岩;底部常见夹杂有灰白色中-厚层状致密灰岩,偶见燧石结核。

本层除栖霞组的䗴类多数还在继续繁衍外,还出现了大量新兴的属群。珊瑚在本层虽不很多,但具有一定重要性,本层层厚 152～195 m,厚度比较稳定。

第二层:上部为浅灰色厚层、块状灰岩,偶见米粒状(一种假鲕状)结构;下部为浅灰色厚层、块状白云质灰岩,部分地区演变为白云质斑块灰岩。在水城附近,全层为白云质灰岩或白云质斑块灰岩。该层化石稀少,含有䗴类和珊瑚。厚 16～51 m,西厚东薄;下部白云质灰岩,层厚大于 6.3 m。

第三层:灰黑色、深灰色厚层至块状灰岩,间夹中厚层状,个别地区夹少量浅灰色灰岩。常含少量泥质和沥青质,有 $H_2S$ 臭味,表面破碎。在多数地区,该层灰岩中含有大量的白云质斑块,呈显著的豹皮状构造。厚 86～200 m。

综上,本段上部为深色灰岩,下部为浅色灰岩,居中有一层稳定较厚的白云质灰岩作为标志层，可于野外观察对比。

b. 上段：燧石灰岩段，根据颜色和岩性不同自下而上可分为上下两层。

第一层：深灰色中厚层燧石灰岩夹燧石层。产腕足类、蜓类化石。厚 6～63 m，一般为 20～40 m。本层一般以颜色较深、单层较薄和富含硅质为特征，但颜色的深浅、单层的厚薄和是否有成层燧石，均各有变化，但该层都含有燧石。且其直覆于本组第一段上部大套深色厚层灰岩之上，并与本段第二层下部一般不含燧石的浅灰色厚层灰岩或生物灰岩相区别，是区域性标志层之一。

第二层：浅灰色、深灰色中厚层至块状灰岩，含燧石结核灰岩，夹生物灰岩和薄层状、条带状燧石；灰岩中偶见白云质斑块。仅局部(如马落箐)不含燧石。本层蜓群极盛，数量特多，常成层堆积。除蜓类外，该层还含有珊瑚、腕足类生物化石。层厚 0～266 m，占本段厚度的绝大部分。

(2) 上统

① 峨眉山玄武岩组

滇、川、黔三省相邻地区的峨眉山玄武岩组分布面积达 30 多万平方千米，平均厚度达 705 m，具有多旋回中心-裂隙式喷发-喷溢特征。

在六盘水地区该组分布甚广且出露面积较大，据资料显示约占水城—宣威普查区域面积的 27%。该组与下伏茅口组普遍见凹凸不平(波纹状起伏)的侵蚀面，相邻峰谷幅度可达百米之上，部分地段有厚十余厘米至一米的风化壳沉积物。

该组的玄武质熔岩占绝大部分，主要集中在中部、下部和上部夹有较多火山碎屑熔岩、火山碎屑岩与正常沉积岩的过渡岩层。火山碎屑熔岩、火山碎屑岩多集中在下部。峨眉山玄武岩组自下而上划分为三段。

a. 第一段：厚 0～138 m，呈北西-南东向展布，在水城地区东北部和西南部缺失。多由玄武质熔岩、玄武质火山碎屑岩组成，局部有凝灰质灰岩、页岩等火山碎屑岩与正常沉积岩的过渡岩层。一般底部为灰绿、深灰、杂褐、黄等色的玄武质熔岩角砾岩和灰绿色、深灰色、黑色拉斑玄武岩。

b. 第二段：厚 237～387 m，在水城—宣威区域基本没有缺失现象。岩性单一，为灰绿色、深灰色、黑灰色厚层-块状拉斑玄武岩，部分地区夹极少玄武质熔岩角砾岩、泥灰岩等，顶部多为红褐色、紫色玄武岩，柱状节理广泛发育[图 9-5(a)]。

c. 第三段：厚 36～161 m，也基本无缺失。岩性较杂，一般为灰绿色、深灰色拉斑玄武岩，夹多层紫、褐、黄绿等杂色细粒凝灰岩，或玄武岩风化产物——紫、灰紫、红、黄褐等杂色玄武土[图 9-5(b)]，含少量玄武质熔岩角砾岩、玄武质火山角砾岩等。

② 龙潭组

该组是区域主要的含煤地层，厚 165～480 m，含煤 4～80 层，作为区域主要

(a) 玄武岩

(b) 风化产物

图 9-5　峨眉山玄武岩及其风化产物

的含煤岩系,兼有稀土元素、菱铁矿等矿产资源。该组与下伏峨眉山玄武岩组呈现假整合接触,在龙潭组也常见峨眉山玄武岩组顶部岩石风化而成的玄武土或黏土岩,有经风化作用形成的稀土元素富集于此层。含煤地层总厚 213～480 m,在鸡场、发耳一带沉积最厚,向西、北东、南西均变薄。

实习区内的沉积岩为以陆相为主的海陆交互相沉积。生物化石以植物为多数。地层主要由灰色、黄褐色黏土岩、页岩、砂质页岩,灰色至绿灰色玄武质(凝灰质)岩屑砂岩,钙质或泥质细砂岩,粉砂岩,菱铁质粉砂岩,黄铁矿,鲕状黏土岩及煤层组成。这些岩石多为完整程度不一的含煤或不含煤韵律频繁交替。下部时有少量海相灰岩、泥灰岩、砂质灰岩夹层及玻屑凝灰岩、凝灰质页岩等岩层。含煤 30～50 层,可采煤层 8～21 层,主要可采煤层多集中在上部。

顶部常为一层较为稳定的低硫低灰优质煤,并以此与上覆长兴组-大隆组为界,作为区分两套地层的标志层,二者连续沉积。

③ 长兴组-大隆组

该套地层主要为在海陆交互环境下形成的含煤砂页岩及灰岩沉积,与下伏龙潭组呈整合接触。主要岩性为灰色-灰黄色中-细粒岩屑砂岩、灰绿色-灰色粉砂质页岩、钙质砂岩、黏土岩及煤层,间夹薄层菱铁岩。在大河边、玉舍、牛场地区常夹 3～5 层薄层泥灰岩、砂质灰岩及泥质白云岩,但向西渐变为碎屑岩。顶部多以一层煤(煤田地质单位通常称其为“盖顶煤”)或粉砂质泥岩与上覆下三叠统连续沉积。下部一般有 10～30 m 的无煤或少煤地段,多以钙质砂岩、粉砂岩为主,或由薄层粉砂岩与菱铁岩(偶尔会见泥灰岩)的互层组成。后者风化后,差异风化会导致菱铁岩凸出地表形成肋骨状,俗称“小排骨”,可作为底部标志。长兴组-大隆组的厚度及总体特征比较稳定,一般厚 70～90 m,含煤 5～19 层,可采煤层 5～8 层,含煤系数仅次于龙潭组上含煤层。煤层中常含黄铁矿结核或透镜体，灰分和硫分比龙潭组高。生物化石以动物为主，植物较少。

### 9.1.6　三叠系

该套地层分布广泛，以下统飞仙关组分布最广，全系最大厚度为 1 903 m（玉舍）。因其不在地质实习区内，下面简单归纳其地层系统及主要特征（表 9-2）。

**表 9-2　三叠系划分及主要特征**

| 统 | 地层名称 | | 主要特征 | 矿产 |
|---|---|---|---|---|
| 上统 | | | 泥质粉砂岩、粉砂质泥岩及含长石石英砂岩 | 煤 |
| 中统 | 法郎组 | | 灰岩、白云质灰岩，局部含少量燧石团块 | |
| 中统 | 关岭组 | 第三段 | 白云岩、含泥质白云岩 | |
| 中统 | 关岭组 | 第二段 | 灰岩夹少量泥质灰岩、灰质白云岩及角砾状灰岩，含瓣鳃类、腕足类 | |
| 中统 | 关岭组 | 第一段 | 杂色页岩夹少量泥质灰岩及泥灰岩，含瓣鳃类，底部有一层“绿豆岩” | 石膏 |
| 下统 | 永宁镇组 | 第四段 | 白云岩、泥质灰岩夹泥岩、白云质泥灰岩、页岩及粉砂质泥岩 | 石膏 |
| 下统 | 永宁镇组 | 第三段 | 蠕虫状灰岩及泥质条带薄层灰岩 | |
| 下统 | 永宁镇组 | 第二段 | 杂色页岩、泥岩，夹少量泥灰岩。含瓣鳃类及菊石 | |
| 下统 | 永宁镇组 | 第一段 | 泥质灰岩、泥灰岩及灰岩，含少量菊石 | |
| 下统 | 飞仙关组 | 第二段 | 紫红色、暗紫色粉砂岩，粉砂质泥岩，泥岩，偶夹灰岩薄层及条带，含瓣鳃类 | 含铜砂岩 |
| 下统 | 飞仙关组 | 第一段 | 青灰色、灰绿色粉砂岩、泥岩夹少量灰岩薄层，含瓣鳃类、腕足类 | 含铜砂岩 |

### 9.1.7　侏罗系

侏罗系仅保留下统及中统，零星分布于区域的向斜核部，主要由陆相紫红色泥岩、砂岩组成，生物稀少，不易观察。因其不在地质实习区，下面仅通过表格简单归纳其地层系统及主要特征（表 9-3）。

**表 9-3　侏罗系划分及主要特征**

| 统 | 段 | 主要特征 |
|---|---|---|
| 中统 | 第五段 | 中上部紫灰色及灰色中厚层-厚层泥灰岩夹钙质泥岩，下部浅灰色中厚层泥质灰岩。含腹足类化石碎片 |
| | 第四段 | 紫红色含钙质泥岩及泥岩，夹细砂岩、泥质粉砂岩及泥灰岩。含腹足类化石碎片 |
| | 第三段 | 紫色长石石英砂岩、含长石石英砂岩、砂岩与紫色泥岩、粉砂质泥岩呈不等厚互层 |
| | 第二段 | 紫色泥岩夹泥质粉砂岩及砂岩，顶部产褐黑色及黑色油页岩 |
| | 第一段 | 灰白色、褐黄色厚层石英砂岩及砂岩，夹薄层泥质粉砂岩及粉砂质页岩，石英砂岩风化面常见“瘤状”突起 |
| 下统 | | 以紫红色泥岩为主，夹粉砂质泥岩、石英砂岩及细砂岩，含钙质结核，底部夹一层厚约 0.2 m 的油页岩 |

### 9.1.8　古近系与新近系

（1）古近系

实习区未见古近系出露，简要介绍其特征。该地层为一套在干旱气候条件下形成的内陆河流、山麓或山间盆地相红色碎屑岩堆积，厚 0～160 m。在水城响水河，保留厚度约 160 m，中上部为块状砾岩，其中砾石以浅灰色灰岩为主，下部为含钙泥质细砂岩及粉砂岩，底部为角砾岩。古近系与下伏石炭系、二叠系、三叠系均不整合接触。

（2）新近系

实习区未见新近系出露，简要介绍其特征。该地层为一套内陆河湖相的灰、黄等色细-粗粒砂岩、黏土层夹砾石，此层产透镜状的褐煤与褐铁矿，厚 0～33 m，与上覆第四系及下伏二叠系、三叠系不整合接触。

### 9.1.9　第四系

第四系在实习区也不发育，在山间盆地分布一些堆积、残积、冲积、洪积等沉积物。

## 9.2　构造概况

整个贵州地区均位于扬子克拉通型沉积盆地南部，是一个叠置在扬子陆块上由震旦纪发展起来的碳酸盐台地，以地质历史上武陵运动以来地壳不同时期的构造运动形成的明显边界及地壳变形特点作为划分标准，将贵州省一级构造单元以北东向展布的盘州—贵阳—梵净山北断裂为构造单元界线进一步划分为扬子地块（黔北隆起区）和江南造山带（黔南坳陷区）两个次级构造单元，东西向构造不甚发育，贯穿水城—宣威普查区的东西向构造有三条，实习区只涉及其中一条构造带，因此本节详细介绍水城区所涉及的一条北西向构造带。

### 9.2.1　威水背斜

水城北西向构造带主要由一系列的线状褶皱及走向逆冲断层组成，主要是威水背斜自北邻延入区内于白马洞附近倾没。威水背斜轴向 290°～310°，长度达 32 km 以上，核部主要是石炭纪地层 $C_1d^1$，倾角 70°～80°；西南翼为 $C_1d^2$-J；该背斜西南翼倾角陡、北东翼倾角缓，除东南端外，其余地段均发生倒转，从而使东北翼主要地层为 $C_1d^2$-$C_1b$，部分地段还有轴面倒转向东的现象。实习区主要处在背斜的核部，因此在实习过程中会发现地层近乎直立，且考察路线主要涉及石炭系、二叠系。

### 9.2.2　水城枢纽断层

该断层属走向逆冲断层，位于实习区的东北方向，上盘上升为逆断层，在水城的东南方向，上盘下降为正断层，走向 290°，巴西附近摆佐组和马平群接触，断距达 400 m；两盘地层强烈挤压、破碎，两盘岩层中灰岩、白云岩普遍重结晶。塔山附近岩石破碎，并见杂乱的擦痕面；水城附近铁路边，断层擦痕构造较多；上石桥附近出露的断层处地层产状紊乱，破碎带产状 200°∠60°。巴西附近地层紊乱，在 15 m 范围内见 4 条平行断层，组成一断裂带，最南侧一条产状 210°∠35°，两盘地层见有强烈的挤压、褶曲现象，岩石破碎。该区域有紫红色方解石角砾岩出露，均有 0.5～1 m 宽的破碎带。

## 9.3　水文概况

### 9.3.1　地表水系

贵州水系分为长江流域和珠江流域，实习区内河流属于珠江流域，贵州省内主要的河流多发源于研究区内。贵州境内最高峰在实习区的西北韭菜坪，因此受地形与区域构造的影响，区域内河流分别向东、南及北方向呈扇形展开。地表径流主要靠大气降水补给，因此，区域内河流都是雨源性河流，河流流量的变化情况与降水量分布一致。区域内发育有珠江流域北盘江水系、南盘江水系，长江流域的牛栏江-横江水系。地形上西北高东南低，北盘江干流由西北流向东南，由上游高中山过渡到下游中低山，河谷深切，大致为 300～500 m。

### 9.3.2 地下水系

实习区井田内地形复杂，高山峻岭及冲沟纵横展布，断崖陡壁较多。地形地貌、地质构造及河网分布共同造就了该区水文地质条件的复杂性，岩溶水等地下水资源丰富，组成复杂的岩溶地下水系统。地下水与地表水的补给来源都是大气降水，由于地形陡峭，大部分降水直接参与地表径流，汇流到地表河流；少部分降水通过岩溶裂隙、孔隙垂向补给地下水，形成地下水系。地表水与地下水水力联系紧密，在径流过程中常常发生水力交换，互相补给。

通过地质调查、工程揭露和地球物理勘探，认为“饮水思源”泉点的直接补给来源为大气降水、地下水和采空区积水。① 大气降水补给的证据是，每次大气降水泉水涌水量猛增，且滞后时间小于 1 h，说明大气降水有很好的补给。② 地下水补给的证据是，在“饮水思源”泉点附近有朝阳泉（两者水质特征相似），周边有一定的土壤厚度，对水资源有一定的涵养能力。需要说明的是，地下水应主要是松散层水，而非裂隙岩溶水，其中原因是“饮水思源”泉点上方梅花山缆车工程实施了 20 余口钻孔，钻探揭露岩溶十分有限。③ 采空区积水补给的证据是，蟠龙路上原存在一个矿坑，即朝阳矿，由于年代久远无法拿到图纸，但通过走访当年闭坑工程实施单位，发现矿坑口距离“饮水思源”泉点仅 50 余米，且有一个巷道向泉点延伸，通过瞬变电磁在两者之间的通道探测，发现了不同程度的导水通道。综上，“饮水思源”泉点补给水源丰富，形成了非雨季持续涌出、雨季水量陡增的水源排泄特征。当发生大的降雨时，在地表会形成洪流，流向水城河补给地表水。无论是地表水还是地下水，与标高降低方向一致，最终排向长江流域和珠江流域。

### 9.3.3 井田地下水

六盘水地区井田地下水基本以层间裂隙水为主，无强含水层；唯井田中部由于三岔河贯穿含煤地层，且河岸民窑开采强度很大，破坏了矿井隔水煤柱，使地表水与矿井发生了水力联系，矿井水文地质条件变得复杂。

地下水类型主要是碳酸盐岩类岩溶水、基岩裂隙水、松散岩类孔隙水。实习区出露地层中碳酸盐岩分布最广，主要经历了三个碳酸盐岩沉积期，因而地下水类型以岩溶水为主。

（1）本地矿区地下水类型

① 喀斯特溶洞水：石炭系威宁统灰岩和马平统灰岩、二叠系阳新统石灰岩，都属此类型。碳酸盐岩类岩溶水主要赋存于可溶岩的溶孔、溶隙及溶洞（管道）中。根据岩溶水的含水岩层、含水介质组合特征及水动力条件，喀斯特溶洞水分为碳酸盐岩裂隙-溶洞水、溶洞-裂隙水、溶孔-裂隙水。a. 碳酸盐岩裂隙-溶洞水：主要分布于大片纯碳酸盐岩出露区及断裂带附近，其含水介质组合为溶洞-溶蚀裂隙-管道-地下溶潭，地下水以集中管道流形式赋存，富水性极不均匀，地下水常以岩溶形成的泉水及地下暗河集中排泄。b. 溶洞-裂隙水：主要分布于纯碳酸盐岩及碳酸盐岩夹碎屑岩出露区，其含水介质组合为裂隙、溶孔及小规模管道、溶洞等，地表分散排泄的泉水较多，地下水赋存形式以裂隙流为主，管道流次之，富水性不均匀。c. 溶孔-裂隙水：零星分布，主要分布于纯白云岩发育区，富水性较均匀，流速小，呈层流状态，地表露头泉流量较小。

② 溶洞裂隙水：石炭系丰宁统、三叠系永宁镇组灰岩与关岭组灰岩属此类型。

③ 基岩裂隙水：主要赋存于砂砾岩、黏土岩、页岩（碎屑岩裂隙水）及峨眉山玄武岩（火成岩裂隙水）等以碎屑岩为主的含水介质中。如二叠系峨眉山玄武岩、宣威组含煤地层、三叠系飞仙关组砂页岩及侏罗系香溪群砂岩均属此类型。碎屑岩含水岩组一般含水贫乏，其径流以层流为主，富水性弱，分布不均，在区内呈条带状零星分布。

④ 孔隙水：赋存于第四系的黏土、砂土等松散堆积物及部分胶结较差的砂砾岩孔隙中。实习区碳酸盐岩裸露较多，第四系堆积物零星分布，且堆积厚度较薄，赋水分散、水量小，赋水程度随季节变化明显，孔隙水主要分布于威宁及兴义山间河谷、岩溶盆地等地势低洼处。

(2) 充水条件

区域内矿井地下水补给途径主要如下。

① 大气降水间接或直接补给各含水带，并通过渗透作用流入矿井，此为构成矿井正常充水的主要因素。

② 大气降水通过采动裂隙补给采空区（包括老窑采空区），使矿床达到最大充水程度，此为矿井充水的主要因素。

③ 山谷汇水通过采动裂隙的截流作用直接进入井下，水流不断地从井巷中涌出，使矿井涌水量达到最大值。

④ 山洪暴发或地表水体猛涨，经小煤窑灌入矿井，矿井被淹。

地下水循环主要取决于各地层出露及分布特点。侵蚀基准面以上的含水岩层有山区河流作为其排泄系统，其特点是地下水循环强烈，变化较大。侵蚀基准面以下的含水岩层则变化较小，且循环较慢。

含水层的岩性特点决定了区域地下水循环特征。在灰岩地区，岩溶裂隙、溶蚀、溶穴、溶洞等发育，为地下水循环提供了有利条件。如：溶洞发育的茅口灰岩出露时，其泉水流量达 358.7 L/s。但是当露头点在砂页岩互层或玄武岩区域时，即使该套地层裂隙较发育，泉水最大流量也仅有 1～3 L/s，一般则在 0.1 L/s 以下。这个差别实际上反映了不同岩层、不同岩性，决定其含水性及渗透性能的不同。另外，当区域内出现河流切割情况时，水文地质条件更加复杂化，这说明受河流切割影响矿区地下水和地表水水力联系更紧密，井田内矿井水文地质条件较复杂。

## 9.4 地形地貌

六盘水地形地貌类型多为岩溶峰丛高中山、侵蚀-剥蚀高中山、溶蚀-侵蚀构造中山和岩溶盆地。岩溶峰丛高中山常以峰丛洼地和峰丛峡谷的形式出现，侵蚀-剥蚀高中山主要分布在临近河谷深切地带的玄武岩分布区，两者的相对高差大致在 500～700 m 之间。溶蚀-侵蚀构造中山受构造和软硬相间岩性展布的控制，岭谷平行排列，区域内基本都与构造走向一致。岩溶盆地较少，仅在区内零零星星分布一些，如水城盆地、坪地盆地、鸡场盆地等。

实习区的地貌特征，主要表现为三种成因类型，即

① 喀斯特溶蚀类型；

② 构造剥蚀堆积类型；

③ 侵蚀堆积类型。

喀斯特溶蚀地段主要发育在向斜轴部三叠系永宁镇组灰岩与关岭组灰岩及下二叠系阳新统灰岩分布地区，发育有溶洞、溶斗、溶沟形式。构造剥蚀堆积地段主要发育在矿区内飞仙关组，形成不规则凸形陡坡，被河沟切割地段多为 V 形谷。在含煤地层分布地区发育侵蚀堆积，含煤地层中发育狭长凹地，零星河成阶地、残留低山地。

# 第 10 章　龙山地质考察路线

从龙山校区出发途经梅花山与学校交叉路山口，由此进入石龙村地界，穿过上石龙，经过小双龙井，沿山路一直上到小尖山顶，之后下山到达鱼塘边继续上山到达不知名山顶，沿山路下山达到六盘水医疗垃圾废物集中处置中心附近，考察路线终止(图 10-1)。沿途可以观察摆佐组到峨眉山玄武岩组。

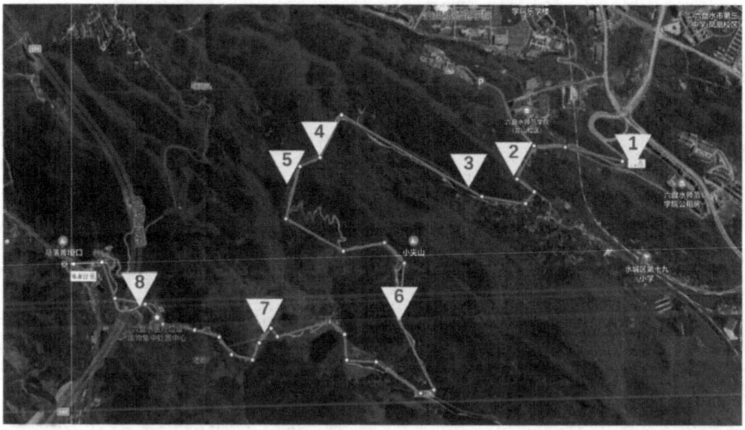


图 10-1　实习考察线路点位

## 10.1　考察点 1

从龙山校区出校门沿外环路上坡，转向梅花山索道的分路上，在通往梅花山索道起点道路与六盘水师范学院道路交会点位置路边，距离龙山校区恒温大棚大约 200 m 处，此处主要观察生物化石(图 10-2)。

该点出露约 20 cm 厚的一层生物化石层，位于大塘组下段地层内，主要的生物化石为大长身贝，壳体长度达 10 cm 以上。该化石普遍存在于全国的石炭系早期地层中，因此可作为下石炭统的标准化石，同学们在观察描述的同时要注意取样。从地球演化史来看，石炭纪是著名的巨型生物时代，这一时期出现了各种巨型陆生

图 10-2　生物化石层

生物，如巨型蜘蛛、巨型蜻蜓、巨型蟑螂等，研究理论普遍认为是由于当时的地球氧气含量高于今天。同时期，海洋里也有一些体型巨大的无脊椎动物，如腕足类、菊石等。大长身贝就属于腕足类，一般情况下，腕足类的壳体长度普遍约为5 cm，同学们可以查阅资料思考一下，为什么它会大于今天的腕足生物。

## 10.2　考察点 2

沿通往梅花山景区道路与上石龙村的山垭口下去，沿村道走到观察点 2 位置（图 10-3），重点观察岩性变化。

图 10-3　摆佐组白云岩刀砍纹

主要观察：岩性变化，从大塘组的灰岩，变化为摆佐组底部地层——厚层白云岩。在野外判断白云岩主要根据是否有由差异性风化引起的刀砍纹现象，并以此来区分白云岩与灰岩。同时利用这一现象能迅速区分摆佐组与大塘组，找到地层分界点，能快速对照地层。摆佐组分上下两段(岩性不同)，主要为浅灰色厚层白云岩，间夹白云质灰岩，应注意颜色、岩性、结构的变化，需要详细描述。思考及描述刀砍纹形成的原因。

## 10.3 考察点3

沿上石龙村村道走出村民聚居地后的村道旁，重点观察摆佐组与黄龙群的分界点和黄龙群。

主要观察：岩性分界，沿村道前行，由于该处道路顺岩层走向，沿途可以观察到黄龙群岩性特点，大部分以浅灰色块状致密灰岩为主，间夹厚层灰岩，主要为细晶白云岩(图10-4)，与摆佐组刀砍纹发育的白云岩有明显的区别，易识别[图10-4(a)]，仔细观察会发现地层中偶见生物化石[图10-4(b)]。

(a) 黄龙群与摆佐组分界线　　(b) 黄龙群间夹生物化石

图10-4　黄龙群

## 10.4　考察点 4

主要观察：岩性点，该层与下部黄龙群的界线不明显，且途经山谷地段小双龙井，没有岩层出露，沿村道上山，沿途林木较多，不太好观察马平群，有一段路边岩石裸露(图 10-5)，应注意观察。马平群主要分两段：上部为浅灰色厚层致密灰岩、浅灰色-灰白色厚层块状灰岩，间夹粗晶白云岩、中晶灰质白云岩等，灰岩中偶见球状结构、不等晶生物碎屑灰岩等；下部也是中厚至厚层不等的岩层，晶体不等晶，偶见夹生物化石灰岩。

图 10-5　马平组厚层灰岩

## 10.5　考察点 5

沿上石龙村村道一直上行至小尖山顶，由这一段路上山，路程曲折，会反复在栖霞组来回穿插，路边有修路而人工开凿的断面，方便观察，重点观察栖霞组(图 10-6)。

主要观察：地层产状。栖霞组分两段，两段岩性不同且颜色多变，由于路线来回穿插，同学们要注意上下段的区分。全段颜色深，夹泥质层数多为其特点。下段主要是灰白色、灰色中-厚层石英砂岩与黑色、深灰色页岩互层，在此段的下

图 10-6　栖霞组

部局部有灰色中-厚灰岩过渡层，在野外观察时要注意识别。下段地层下部主要是砂岩夹黑色砂质页岩，或者黑色页岩与浅灰色、灰色石英砂岩互层（图 10-6），碳质页岩、薄层煤或者煤线均明显，容易观察，岩性变化明显；下段底部灰岩夹泥质，越往底部颜色越深，泥质含量越高，夹层较多。上段主要是深灰色、黑色中-厚层灰岩，较下段的砂岩有明显的岩性变化。上段进一步自下而上细分为三层，第一层（底部）主要是深灰色到浅灰色的厚层灰岩夹黑色薄层泥灰岩；第二层主要是浅灰色厚层灰岩，含白色粗晶白云石团块，呈现白云质斑块灰岩，间夹浅黄色薄层泥灰岩；第三层上部主要是浅灰色厚层或者块状灰岩，偶见结核、透镜状燧石及含少量白云质的条带和斑块，在野外要注意用稀盐酸滴注，通过反应的剧烈程度进行区分，稀盐酸与石灰岩反应会剧烈起泡，遇到白云岩反应则较弱、起泡稀少。这三层不易区分，在野外工作时，同学们可以根据前面的基础知识对照区分识别。

## 10.6　考察点6

沿小尖山村村道下山，沿道路边偶有茅口组出露（图10-7）。

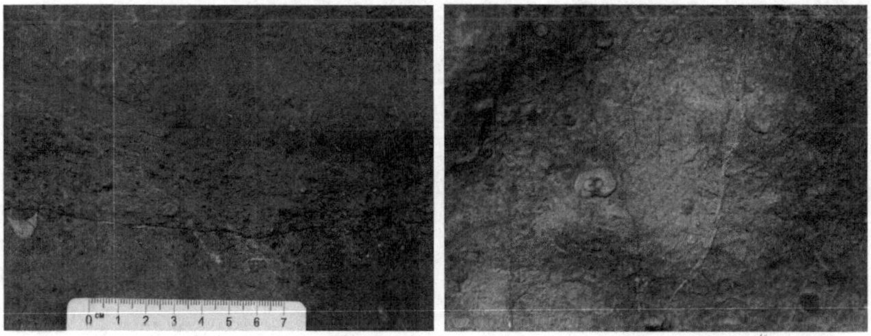


(a) 燧石层　　(b) 生物碎屑

图10-7　茅口组

主要观察：岩性点，该套地层也分为上下两段，下段为浅灰色-深灰色灰岩，上段为含燧石灰岩。该层与栖霞组连续沉积，与栖霞组在岩性上变化较小，注意观察分界点。注意观察含燧石岩层，为两套地层分界。当出现夹纯色浅-白灰岩时说明进入该层，这是栖霞组没有的岩性。

下段地层可以自下而上分三段，受限于出露情况不好观察，沿途能看到的仅有浅灰色-深灰色厚层-块状灰岩，不易区分三段。

上段从浅灰色厚层纯灰岩至灰黑色薄层灰岩过渡，中间夹杂同色大量薄层、燧石层，偶见黑褐色黏土。

## 10.7　考察点7

六盘水医疗垃圾废物集中处置中心以东沿道路20 m的位置，重点观察峨眉山玄武岩。

主要观察：岩性分界，峨眉山玄武岩，在六盘水境内出露面积较大，主要是玄武质熔岩，沿小路上坡，在茅口组与峨眉山玄武岩组底部接触部位，普遍见凹凸不平(波纹状起伏)的侵蚀面，有少量火山碎屑岩出露(图 10-8)，夹杂褐、黄、紫红等色的玄武质熔岩角砾岩，局部有凝灰质灰岩、页岩等火山碎屑岩与正常沉积岩的过渡岩层。

图 10-8　玄武岩底部碎屑岩和杂色过渡层

沿村道继续上坡，有一段厚度 10 m 左右的岩层节理非常发育，见少量泥灰岩，岩层由灰白色、深灰色厚层-块状拉斑玄武岩逐渐过渡到红褐色、紫色玄武岩，柱状节理广泛发育(图 10-9)。

图 10-9　玄武岩

沿村道上行至山顶，由厚层岩层过渡到红褐色、紫色玄武岩(图 10-9 中右图)，节理特别发育，见气孔构造、杏仁构造(图 10-10)。沿路下山到该套地层顶部，节理发育，颜色渐变为黄色、灰黄色，岩性较杂，接近地层顶部一般为灰绿色、深灰色拉斑玄武岩，夹多层紫、褐、黄绿等杂色细粒凝灰岩，或玄武岩风化产物——紫、灰紫、红、黄褐等杂色玄武土。

图 10-10　节理、气孔构造

## 10.8　考察点 8

考察点 8 位于六盘水医疗垃圾废物集中处置中心沿路往西北向转弯处。

主要观察：岩性点，龙潭组与峨眉山玄武岩组接触部位，岩性由峨眉山玄武岩风化的黏土层过渡到少量凝灰岩、砂质灰岩夹层、凝灰质页岩(图 10-11)。二者呈现假整合接触关系，沿道路前行，出露的主要岩性为灰色、黄褐色黏土岩，黄绿色页岩、砂质页岩，间夹灰色至绿灰色玄武质(凝灰质)岩屑砂岩、钙质或泥质细砂岩、粉砂岩，多以透镜体、厚层出现，这套岩层夹杂多层煤线、煤层(图 10-12)。

图 10-11　过渡带

图 10-12　龙潭组

# 第 11 章　明湖地质考察路线

从蟠龙路一直走到一线天，再从一线天穿过湿地公园，沿公园上山道路一直爬上省道 S246(图 11-1)。沿途观察地层间的区别、岩性的变化及地层的分段、构造特征、边坡、水文工程等。

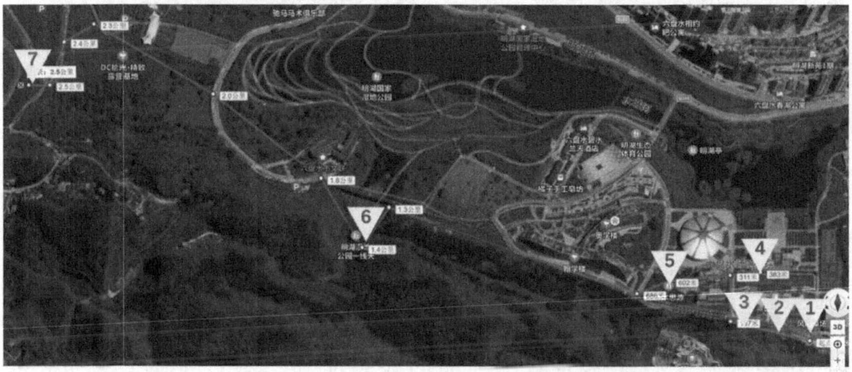


图 11-1　明湖实习考察线路和点位

## 11.1　考察点 1

考察点 1 位于上下山电梯入口往西 15 m 蟠龙路边。

主要观察：石炭系下统大塘组的岩性特点。该点出露的是大塘组下部地层，主要以黑色页岩、泥灰岩为主，夹煤线，含生物碎屑。层理发育、风化严重、节理发育，岩石破碎，需要大家仔细观察，详细描述(图 11-2)。

## 11.2　考察点 2

考察点 2 位于图书馆西南方向 50 m，蟠龙路边。

主要观察：重点观察大塘组的页状剥离、节理。详细描述地层的产状、特征、

图 11-2　大塘组

岩性、颜色、层裂、X 节理发育情况。该处岩石较破碎，观察页状剥离现象。该处路边页状剥离发育原因有多种：一方面可能与基岩卸载有关，原先埋藏在地下的岩石受到较大的围压，当其上覆岩块因修路被剥蚀掉后，压力的降低导致基岩向上膨胀，从而产生大致平行于基岩露出表面的破裂面和一些近于垂直表面的裂隙；另一方面也可能是由于大塘组下段的地层都是薄层产出，以泥灰岩为主，质地较软，易受风化，也易受力变形。这种层裂作用同风化联合作用，便可造成突出地面的剥离丘（图 11-3）。

## 11.3　考察点 3

考察点 3 位于图书馆、蟠龙路与玉舍路交会角，在此处重点观察小型褶曲和岩性变化。

主要观察：小型褶曲的形态、产状，岩性分界。大塘组在此处岩性变化，主要是结构发生变化，下段深灰色薄层产出页岩，夹碳质页岩（以手捻之染色）及多层泥灰岩，上段产出灰色、深灰色中厚层至块状灰岩，多为细晶灰岩（图 11-4）。查阅参考资料来对比上下两段的区别，确认大塘组上下段在此分层的依据，实践如何对照参考资料进行层位识别，详细描述观察到的上下段岩性变化，包括颜色、产状、矿物、岩石、结构的变化等。

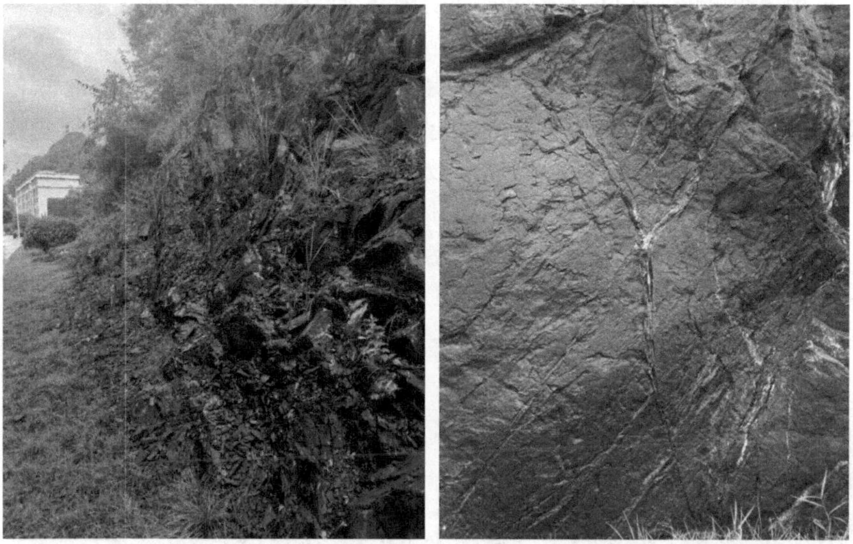

图 11-3　层裂及节理

图 11-4　小型褶曲及岩性过渡变化

## 11.4　考察点 4

考察点 4 位于图书馆与博学楼之间，在此处主要观察边坡工程问题，了解边坡滑坡的影响因素以及工程处理措施。

主要观察：滑坡、滑坡的工程处理措施。了解滑坡产生的条件，主要是三个方面：① 岩土类型。结构松散、抗剪强度和抗风化能力较低的岩土体比较容易发生滑坡。图书馆前边坡处于大塘组下段地层之上，该组地层岩性主要有页岩、薄层灰岩，抗剪强度较低、抗风化能力弱且受地下水影响大。② 构造条件。该处岩层近乎直立，高角度岩层易顺层滑动，且裂隙、节理发育。③ 水文地质条件。地下水活动能软化岩土、降低岩土体的强度、产生水压力和孔隙水压力、潜蚀岩土、增加岩土体密度、对透水岩层产生上浮托力，尤其对于滑动面的软化作用尤为突出。滑坡体在向下滑动时造成滑坡后壁产生拉张破坏面，因此当时的图书馆前广场边缘出现很多张裂隙，而滑坡体前缘也就是坡脚受抗滑墙的阻挡，被动挤压，在前缘形成鼓胀[图 11-5(a)，观察老师身后台阶鼓胀]，形成纵、横向的张节理。之后采用抗滑桩完成边坡治理。通过该处边坡滑坡处理措施——抗滑桩，学习工程地质知识，同学们可以思考一下滑坡诱发的因素及边坡治理的一般措施。

(a) 滑坡处理前　　(b) 滑坡处理后

图 11-5　图书馆前边坡

## 11.5 考察点 5

考察点 5 位于“饮水思源”泉点(图 11-6)，为水文观察点，在此处主要了解地下水的补给、径流、排泄。

主要观察：“饮水思源”里的水从哪里来，了解地下水的补给、径流、排泄。通过地质调查、工程揭露和地球物理勘探综合分析，认为“饮水思源”泉点的直接补

图 11-6　“饮水思源”泉点

给来源为大气降水、地下水和采空区积水。

## 11.6　考察点 6

考察点 6 位于一线天门口，在此处重点观察岩性、岩层产状。

摆佐组与大塘组连续沉积，以整套浅灰色厚层、细晶白云岩的出现为摆佐组的开始，也是这两组的分界线。因此，同学们在沿着蟠龙路沿线往一线天行进过程中，可以仔细观察，找一找分界点位置。摆佐组作为六盘水地区铅锌矿产出的重要层位，也可验证“饮水思源”泉点西南方向曾经有过开采铅锌矿的历史。根据资料总结，区内铅锌矿床的形成时期是在海西期前后开始，形成于燕山期碳酸盐岩中低温热液矿床。同学们可以查阅资料研究一下铅锌矿的成矿条件。摆佐组下部主要是浅灰色厚层至块状细晶白云岩，夹灰岩(图 11-7)，上部主要以浅灰色、灰白色厚层至块状致密灰岩为主，夹鲕状灰岩[图 11-7(a)]。同学们在观察时，注意详细描述对照资料，识别野外地层厚度、岩性变化。

## 11.7　考察点 7

考察点 7 为构造点，位于国道 246 与明湖湿地公园交接点处的省道路旁。

主要观察：小型褶皱构造，该点坐标为 N26°34′43″，E104°48′10″，此处植被茂盛，褶皱不易被发现，需要仔细观察。背斜两翼产状分别为左翼 280°∠85°，右翼 210°∠85°。节理较发育，两翼岩层均为厚层状产出，以灰白色灰岩及白云质

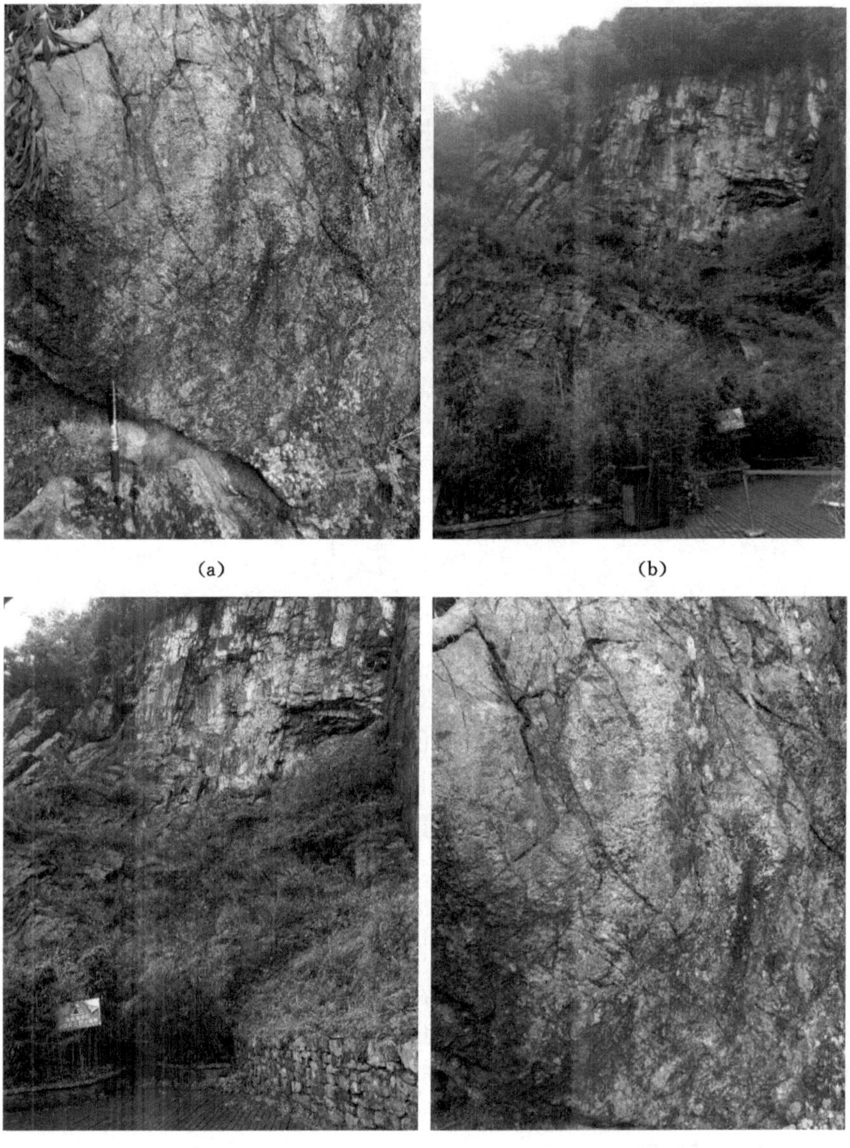

(a) (b) (c) (d)

图 11-7　摆佐组(摄于一线天)

灰岩为主,有少量结核(图 11-8)。

图 11-8　褶皱点

# 参考文献


[1] 阿比尔的,杨向阳,沈娜,等.地质工程野外工作手册[M].成都:西南交通大学出版社,2022.

[2] 鲍森.贵州六盘水地区晚二叠世龙潭组煤系地层中瓦斯富集规律的研究[D].贵阳:贵州大学,2007.

[3] 陈国山,张爱军.矿山地质技术[M].北京:冶金工业出版社,2009.

[4] 高鹏鑫.实物地质资料管理关键技术方法汇编[M].北京:科学出版社,2016.

[5] 国家环境保护总局.水质 湖泊和水库采样技术指导:GB/T 14581—1993[S].北京:中国标准出版社,1993.

[6] 国家煤矿安全监察局.煤矿防治水细则[M].北京:煤炭工业出版社,2018.

[7] 何启祥.沉积岩和沉积矿床[M].北京:地质出版社,1978.

[8] 环境保护部.水质河流采样技术指导:HJ/T 52—1999[S].北京:中国环境科学出版社,2000.

[9] 环境保护部.水质采样技术指导:HJ 494—2009[S].北京:中国环境科学出版社,2009.

[10] 环境保护部.水质采样样品的保存和管理技术规定:HJ 493—2009[S].北京:中国环境科学出版社,2009.

[11] 环境保护部.水质采样方案设计技术规定:HJ 495—2009.[S].北京:中国环境科学出版社,2010.

[12] 贾亚男.西南典型岩溶地区土地利用与土地覆被变化对岩溶水质的影响[D].重庆:西南师范大学,2004.

[13] 李勇.安徽巢湖野外地质教学基地实习教程[M].北京:地质出版社,2008.

[14] 李忠权,刘顺.构造地质学[M].3 版.北京:地质出版社,2010.

[15] 刘宝珺,曾允孚.岩相古地理基础和工作方法[M].北京:地质出版社,1985.

[16] 刘文中,李宗海,王来斌,等.巢湖凤凰山地质填图实习指南[M].合肥:中国科学技术大学出版社,2014.

[17] 刘祥洋. 水城盆地岩溶地基特征及处理方法研究[D]. 贵阳：贵州大学，2010.
[18] 舒良树. 普通地质学[M]. 4版. 北京：地质出版社，2020.
[19] 王华云，梁福谅，曾鼎权，等. 贵州铅锌矿地质[M]. 贵阳：贵州科技出版社，1996.
[20] 王剑，谭富文，付修根，等. 沉积岩工作方法[M]. 北京：地质出版社，2015.
[21] 王文明，彭成龙，陈建书，等. 贵州六盘水地区早二叠世岩石地层之再认识[J]. 贵州地质，2022，39(3)：205-212，244.
[22] 颜世永. 野外地质素描基础教程[M]. 北京：中国石化出版社，2018.
[23] 余继峰，金爱文，宋召军. 野外地质实践教程[M]. 徐州：中国矿业大学出版社，2019.
[24] 宇文会娟. 水土保持野外调查工作要点[J]. 硅谷，2014(4)：112，114.
[25] 张正山. 威宁地区早石炭世旧司期沉积环境及演化[D]. 成都：西南石油大学，2017.
[26] 张子戌. 矿井地质学[M]. 徐州：中国矿业大学出版社，2017.
[27] 中国地质调查局. 水文地质手册[M]. 2版. 北京：地质出版社，2012.
[28] 中国地质调查局西安地质调查中心. 野外地质工作手册[M]. 武汉：中国地质大学出版社，2021.
[29] 周瑞华，刘传正. 野外地质工作实用手册[M]. 长沙：中南大学出版社，2013.
[30] 周志毅，陈均远，林尧坤，等. 唐山地区奥陶系的新观察[J]. 地层学杂志，1983(1)：19-32.
[31] 朱和书，陈建书，彭成龙，等. 贵州水城地区二叠纪峨眉山玄武岩地质特征及其成矿响应探讨[J]. 贵州地质，2019，36(1)：37-48.